博碩文化

從零開始掌握 RAG，打造可靠的 AI 應用！

RAG × LangChain
整合應用

從問診機器人開始，
打造可信任的 AI 系統

陳柏翰 著

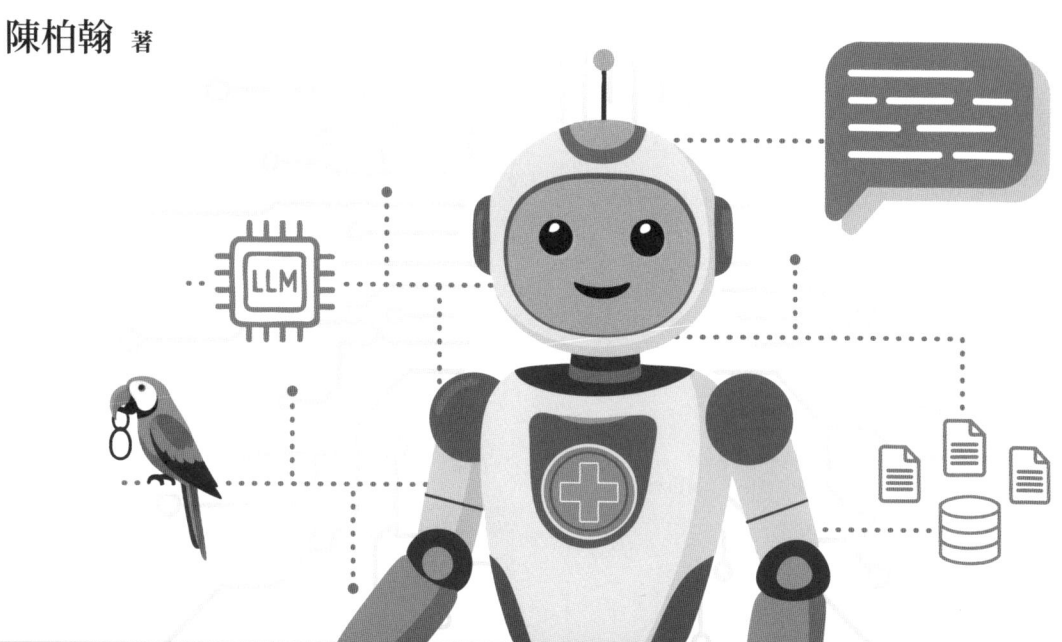

動態更新知識破解幻覺難題

從無到有，快速打造並上線 RAG 系統

理論基礎	環境架設	實務專案	效能評估
深入淺出 RAG 核心觀念	從開發到部署 一本搞定	採用貼近生活的 問診系統實戰演練	開發同時也關注 模型回答的表現

作　　者：陳柏翰
責任編輯：黃俊傑

董 事 長：曾梓翔
總 編 輯：陳錦輝

出　　版：博碩文化股份有限公司
地　　址：221 新北市汐止區新台五路一段 112 號 10 樓 A 棟
　　　　　電話 (02) 2696-2869　傳真 (02) 2696-2867

發　　行：博碩文化股份有限公司
郵撥帳號：17484299　戶名：博碩文化股份有限公司
博碩網站：http://www.drmaster.com.tw
讀者服務信箱：dr26962869@gmail.com
訂購服務專線：(02) 2696-2869 分機 238、519
（週一至週五 09:30 ～ 12:00；13:30 ～ 17:00）

版　　次：2025 年 8 月初版一刷

博碩書號：MP22534
建議零售價：新台幣 600 元
Ｉ Ｓ Ｂ Ｎ：978-626-414-264-9
律師顧問：鳴權法律事務所 陳曉鳴律師

本書如有破損或裝訂錯誤，請寄回本公司更換

國家圖書館出版品預行編目資料

RAG x LangChain 整合應用：從問診機器人開始，
打造可信任的 AI 系統 / 陳柏翰著. -- 初版. --
新北市：博碩文化股份有限公司, 2025.08
　面；　公分

ISBN 978-626-414-264-9(平裝)

1.CST: 人工智慧 2.CST: 自然語言處理
3.CST: 機器學習 4.CST: 電腦程式設計

312.83　　　　　　　　　　　　　114009752

Printed in Taiwan

博碩粉絲團　歡迎團體訂購，另有優惠，請洽服務專線
　　　　　　(02) 2696-2869 分機 238、519

商標聲明

本書中所引用之商標、產品名稱分屬各公司所有，本書引用
純屬介紹之用，並無任何侵害之意。

有限擔保責任聲明

雖然作者與出版社已全力編輯與製作本書，唯不擔保本書及
其所附媒體無任何瑕疵；亦不為使用本書而引起之衍生利益
損失或意外損毀之損失擔保責任。即使本公司先前已被告知
前述損毀之發生。本公司依本書所負之責任，僅限於台端對
本書所付之實際價款。

著作權聲明

本書著作權為作者所有，並受國際著作權法保護，未經授權
任意拷貝、引用、翻印，均屬違法。

推薦序

隨著 AI 技術快速發展，生成式 AI、大型語言模型（LLM）與 RAG（檢索增強生成）正重塑我們對知識生成與資訊處理的理解。LLM 與 RAG 也已在教育、醫療、法律、商業等各大領域，展現出巨大的應用潛力。

而對於生成式 AI、LLM 與 RAG 的初學者與實作開發而言，需要的是一套紮實而且系統化的入門路徑，本書正好補上了這樣的學習需求。

作者以教學導向的內容，帶領讀者認識生成式 AI、LLM 與 RAG（檢索增強生成）的基本概念與架構。進而透過實際操作與範例，理解 LangChain 框架的開發實務，以及向量資料庫在知識檢索中的關鍵角色，並且透過智慧問診機器人實作演練，讓讀者學習如何建構一個能實務運作的智慧化系統，並且介紹如何提升 RAG 系統的準確度的建議作法。

本書內容紮實、結構清楚，不僅適合對 LLM、RAG、LangChain 等技術有興趣的初學者，也非常適合作為企業內部培訓教材進行實作時的參考讀物。

我誠摯推薦本書給每一位希望從基礎出發，穩健踏入 LLM 與 RAG 實作領域的讀者。相信本書不只會協助您建立知識架構，更會為後續的學習與應用打下良好的基礎。

呂奇傑

輔仁大學 資訊管理學系 特聘教授

序

能夠拿起這本書的讀者，相信各位對於生成式 AI、大型語言模型（LLM）與檢索增強生成（RAG）系統的興趣已經遠超於一般技術人員，或至少正在踏上這條技術探索的道路。將這本書從構想到付諸實現，實在是一件值得欣慰的事。

回顧起撰寫這本書的起點，最初的動機其實非常簡單：在參與 iThome 鐵人賽期間，深刻感受到 RAG 這個技術的潛力與魅力。也因為這場賽事，提供了深入理解 LangChain 框架的機會，並且透過實務專案的方式去摸索如何有效地結合向量資料庫與檢索機制，進而打造出一個可靠且高效的智慧問答系統。

首先，必須衷心地感謝 iThome 鐵人賽的主辦方，這個平台提供了絕佳的機會，讓許多熱衷於技術分享的同好，得以相聚一堂，彼此交流並相互砥礪。也要感謝在鐵人賽期間共同奮鬥的朋友們，你們的每一則留言、每一次互動，都成為堅持完成這本書的重要動力。

當然，這本書的順利完成，博碩出版社也給予了極大的協助與支持。從初稿規劃到內容修整，再到排版設計，出版社的編輯團隊專業且細緻的建議，讓這本書能夠以更完整且精緻的樣貌呈現在各位眼前。在此也向所有參與編輯與校閱的幕後英雄們致上最誠摯的感謝。

在技術迅猛發展的今天，掌握一項新技術可能並非難事，然而，如何將這些新技術有效地應用到實務場景中，解決真實存在的問題，這才是真正考驗技術人員的能力所在。書中所呈現的技術，無論是生成式 AI、LLM 還是 RAG，都將在未來的技術發展與企業應用中，扮演越來越重要的角色。然而，技術終究只是一種工具，更重要的是我們如何透過這些工具，去改善我們的生活與工作方式。

近年來，許多研究與實務案例指出，生成式 AI 在實務應用上存在「幻覺」現象以及即時知識更新的挑戰。根據 OpenAI 與 Google 的研究發現，透過不斷的嘗試與錯誤修正，逐漸摸索出能夠有效降低幻覺問題的方法。這過程不僅豐富了技術理解，也深刻體認到，任何新技術在實務應用過程中，都需要不斷的調整與優化，才能真正發揮出其應有的價值。

為此，本書特別強調技術應用的「實務性」與「可操作性」。從基礎概念的釐清，到環境設定與金鑰申請的詳細步驟，再到 LangChain 進階應用與智慧問診機器人的完整實作，期望能讓每一位讀者在閱讀完這本書後，都能具備紮實的理論基礎，更能夠立即將這些知識與技術應用到自己的工作或研究中。

此外，本書也特別安排了評估與測試 RAG 系統的方法與工具介紹，透過 DeepEval 與 LLM as a Judge 等創新方法，幫助讀者更全面且有效地評估系統效能。這些評估方法不僅能幫助快速地驗證技術實作成果，也能提供更多有價值的反饋，協助不斷改進與優化系統。

在撰寫本書期間，常提醒自己，技術的進步不應只停留在表面，真正的價值在於技術如何被應用來解決真實的問題，改善人們的生活。希望這本書不僅能幫助各位掌握 RAG 與 LangChain，更能啟發各位思考，如何透過技術解決更多更複雜且更具意義的問題。

最後，衷心期盼各位讀者能夠享受這趟學習之旅，並從中收穫滿滿。若在閱讀過程中有任何疑問或建議，歡迎隨時交流，期盼與各位一同成長，為技術社群貢獻更多。

再次感謝你的閱讀，期待未來能持續交流，共同探索更多的可能性。

導讀

在資訊爆炸且技術推陳出新的當下，選擇一本專業的書籍學習最新技術，無疑是明智的選擇。然而，如何透過書籍中所介紹的技術，真正將其落實到實際的專案或研究之中，才是技術學習的終極目標。這本書正是基於這樣的理念而誕生，期盼各位讀者不僅能掌握生成式 AI 與檢索增強生成（RAG）相關的核心知識，更能在閱讀過程中逐步建立起實務應用的能力。

為了協助讀者更加順暢且高效地吸收書籍內容，建議各位讀者在展開閱讀之前，先針對自己的需求設定明確的學習目標。例如，你可能希望藉由這本書學會如何使用 LangChain 框架搭建自己的智慧型問答系統，或希望掌握如何有效地透過 RAG 系統解決模型幻覺與知識更新等問題。透過明確的學習目標設定，不僅能增強閱讀的專注度，更能提升後續實務應用的成效。

本書的架構清晰且漸進式，初期的章節將帶領各位建立扎實的理論基礎，包含生成式 AI、大型語言模型（LLM）與 RAG 系統的核心概念。若讀者已具備一定程度的 AI 背景知識，可以視個人情況快速瀏覽這些章節，並將更多時間投注於後續更具實務性的內容。

隨後，本書將帶領各位進入技術實作的階段，包括環境的架設與金鑰的申請，這部分書籍將詳細說明每個步驟，確保即使是初次接觸此類技術的讀者，也能輕鬆跟上。此外，為了協助讀者順利操作，本書特別準備了完整的範例程式碼與教學指引，讓每個步驟都有具體可參照的範例。

值得一提的是，在第四章中，本書將透過實際專案的方式帶領各位實作一個完整的智慧問診機器人。而第四章中所完成的專案的完整原始碼放置於 GitHub（https://github.com/nickchen1998/Mediguide），讀者隨時可前往該網址下載參考並進一步調整、優化屬於自己的專案。

在後續章節中，本書將深入介紹評估與測試 RAG 系統的實務方法。除了介紹傳統的評估指標之外，也將帶領讀者使用 DeepEval 與 LLM as a Judge 等創新評估工具，這些工具不僅能夠幫助讀者迅速確認系統效能，更能有效提供明確且實用的改善建議，使系統更接近真實應用的需求。

本書在每個章節的開頭，都特別安排了「章節導讀」，提供明確的學習目標與重點提醒，建議讀者在閱讀每一個章節前，都先回頭確認一下章節導讀中提到的學習目標，以確保自己已掌握每個章節的重點與要旨。

需要特別提醒的是，本書並不會針對 Python 的基礎語法做詳細說明。若有讀者對 Python 基礎語法還不熟悉，建議各位可透過線上的學習資源，例如 YouTube 頻道的教學影片，來強化自己的基礎知識。以下是幾個建議的學習資源連結，供有需要的讀者參考：

- 莫煩 Python：https://www.youtube.com/user/MorvanZhou
- CS Dojo：https://www.youtube.com/@CSDojo
- Programming with Mosh：https://www.youtube.com/@programmingwithmosh

最後，衷心建議各位在閱讀本書的同時，能夠適時地記錄自己的疑問、想法與心得，並將這些紀錄與同好們分享討論。透過這樣的互動過程，不僅能深化自身的學習成效，更能共同推動技術社群的成長。

希望這本書不僅是各位技術學習過程中的得力助手，更能成為各位在技術實務應用上前進的一盞明燈。期待各位透過本書的學習，逐步實現自己的技術理想與目標，並在未來的道路上持續成長，創造更多價值。

目錄

01 chapter 生成式 AI 與 RAG 的核心概念

1-1 生成式 AI（Generative AI）與大型語言模型（LLM）簡介 1-2

生成式 AI 簡介 1-2

大型語言模型簡介 1-3

LLMs 的應用與挑戰 1-4

生成式 AI 與 LLMs 的比較 1-4

LangChain：開發 LLM 應用的框架 1-5

向量（Embedding）技術 1-6

1-2 LLMs 的幻覺與知識更新問題 1-7

LLMs 產生幻覺的原因 1-7

幻覺在問答、法律、醫療等應用中的嚴重性 1-9

1-3 RAG 的基本介紹 1-10

檢索增強生成（RAG）的原理與降低幻覺的方法 1-10

RAG 對 LLM 靜態知識限制的補足與動態應用支持 1-12

RAG 的發展階段 1-14
　　　LangChain 與 RAG 的整合應用 1-16

1-4　章節回顧 1-17

02 chapter　環境架設與金鑰申請

2-1　開發環境架設（Python、PyCharm 以及虛擬環境）. 2-3
2-2　OpenAI 金鑰申請 2-11
2-3　Mongo Atlas 服務申請 2-18
2-4　章節回顧 2-26

03 chapter　LangChain 操作教學：從基礎到進階

3-1　LangChain 快速入門 3-3
　　　LangChain 設定 OpenAI API Key 的方式 3-3
　　　LangChain 中的 BaseChatModel 與 LLM 的串接 3-5
　　　LangChain 中常見的 Message 類型與結構 3-9
　　　LangChain 中的 PromptTemplate 3-17

xi

LangChain 中的 VectorStore 與 InMemoryVectorStore............ 3-22

LangChain 中的 Document 與 Metadata 3-25

3-2 LangChain 進階功能實作 3-29

鍊式操作（Chain）進階應用 3-29

LangChain 內建的 RAG Chain 實作 3-34

Agent 概念與實務應用 3-38

LangChain 內建對話紀錄管理器 3-40

3-3 Mongo Atlas 資料及向量的寫入與查詢 3-45

使用 Mongo Atlas VectorStore 的寫入與查詢向量 3-45

3-4 章節回顧 3-56

04 chapter　環境架設與金鑰申請

4-1　設計專案架構 4-2

4-2　資料及向量的寫入 4-8

4-3　設計查詢與對話模組 4-28

4-4　設計前台頁面 4-31

4-5	建立對話紀錄 4-38
4-6	建立問診紀錄區塊 4-42
4-7	使用 Fly.io 部署站台 4-48
4-8	章節回顧 4-61

05 chapter 智慧問診機器人實作演練

5-1 LLM as a Judge 利用大型語言模型對回覆進行評分 5-2

為何我們需要「AI 裁判」？ 5-3
該如何撰寫讓 LLM 充當裁判的提示語（Prompt）？ 5-4
LLM as a Judge 的主要應用場景 5-6
LLM as a Judge 的可靠性：它真的「公平」且「準確」嗎？ ... 5-6
如何在實務中運用 LLM as a Judge？搭建你的自動評估流程 .. 5-7

5-2 DeepEval 工具介紹 5-9

5-3 該如何準備 DeepEval 中的測試案例？ 5-12

回顧基本的 RAG 流程 5-12
建立測試案例：使用 LLMTestCase 類別 5-13
執行測試的方式 5-15

5-4 常用檢索評估指標：文本精確度、文本召回率與文本關聯性 5-18

文本精確度（Context Precision） 5-19

文本召回率（Context Recall） 5-20

文本關聯性（Context Relevancy） 5-21

重點整理 5-23

5-5 常用生成評估指標：關聯性與忠實性 5-23

關聯性（Answer Relenvacy） 5-24

忠實性（Faithfulness） 5-25

重點整理 5-26

5-6 自定義測試 Prompt 5-27

5-7 章節回顧 5-31

06 chapter 提升 RAG 系統的準確度

6-1 Chunking 策略 6-3

常見的 Chunking 策略與實作範例 6-4

6-2 檢索策略（Retrieve Strategy） 6-14

6-3	重排序（Re-rank）	6-23
6-4	提示工程 Prompt Engineer	6-31
6-5	章節回顧	6-36

07 chapter　RAG 在不同行業的應用與挑戰

7-1	企業知識庫 AI：如何運用 RAG 提升內部 FAQ 回答準確性？	7-2
7-2	法律 AI 助理：讓 AI 提供合規建議與文件檢索能力	7-5
7-3	醫療 AI 應用：如何確保 AI 在醫療領域提供可靠建議？	7-8
7-4	章節回顧	7-12

01
生成式 AI 與 RAG 的核心概念

1-1　生成式 AI（Generative AI）與大型語言模型（LLM）簡介

1-2　**LLMs** 的幻覺與知識更新問題

1-3　**RAG** 的基本介紹

1-4　章節回顧

01 生成式 AI 與 RAG 的核心概念

近年來，人工智慧領域發展迅猛，特別是大型語言模型（LLM）的崛起，為我們帶來了前所未有的文本生成與理解能力。然而，這些強大的模型在應用過程中，也面臨著「幻覺」現象以及知識更新不及時等挑戰。

這個章節我們會先介紹一下一些專有名詞，例如：生成式 AI、大型語言模型、LangChain、檢索增強生成以及 Embedding 等等，讓我們在閱讀後續的章節可以更加得心應手！

> 學｜習｜目｜標
>
> * 對於生成式 AI 以及 LLMs 的概念有初步理解
> * 瞭解為何 LLMs 在回答時會有幻覺出現
> * 瞭解什麼是檢索增強生成以及其發展

1-1 生成式 AI（Generative AI）與大型語言模型（LLM）簡介

生成式 AI 簡介

生成式人工智慧（Generative AI）是人工智慧領域中的一項突破性技術，它能夠根據輸入資料生成全新的內容。與傳統 AI 著重於資料分析和分類不同，生成式 AI 更具創造力，能夠產生文字、圖像、音樂、程式碼等各種形式的內容。這項技術的核心在於深度學習模型，特別是基於 Transformer 架構的模型，如 OpenAI 的 GPT 系列和 Google 的 Gemini 等。

生成式 AI 的應用範圍主要包括：

- **自然語言處理（NLP）**：例如聊天機器人、語意分析、機器翻譯等。
- **圖像生成**：能夠根據文字描述生成圖像。
- **音樂與影片創作**：涵蓋 AI 作曲、影片生成等。
- **程式碼生成**：例如 GitHub Copilot 能夠根據自然語言描述生成程式碼。

這些應用展示了生成式 AI 在各個領域的潛力，為創意產業、教育、醫療等帶來了新的可能性。

大型語言模型簡介

大型語言模型（Large Language Models, LLMs）是生成式 AI 的核心組件。這些模型透過訓練大量的文本資料，學習語言的結構和語意，進而能夠理解並生成自然語言。LLMs 的運作基於 Transformer 架構，利用自注意力機制（Self-Attention）來捕捉詞與詞之間的關聯性，從而提高語言理解和生成的能力。

Transformer 架構的主要特點包括：

- **自注意力機制**：允許模型在處理每個詞時考慮整個輸入序列，捕捉長距離的依賴關係。
- **並行處理**：與傳統的循環神經網絡（RNN）相比，Transformer 能夠更有效地進行並行計算，提高訓練效率。
- **可擴展性**：Transformer 架構易於擴展，支持更大的模型和更多的訓練資料。

這些特性使得 LLMs 能夠在各種自然語言處理任務中表現出色，如文本生成、摘要、翻譯、問答等。

LLMs 的應用與挑戰

在實際應用中，LLMs 如 GPT-4、llama 等，已經展現出強大的語言處理能力。例如，GPT-4 支援高達 128,000 個 token 的上下文窗口，這使得模型能夠處理更長的文本輸入，提升了應用的靈活性和準確性。

然而，LLMs 也面臨一些挑戰：

- 幻覺問題（Hallucination）：模型可能生成與事實不符的內容。
- 知識更新困難：模型的知識來自於訓練資料，無法即時更新。
- 資源消耗大：訓練和運行大型模型需要大量的計算資源。

為了解決這些問題，研究人員提出了檢索增強生成（Retrieval-Augmented Generation, RAG）等方法，結合外部知識庫與生成模型，來提高生成內容的準確性和時效性。

生成式 AI 與 LLMs 的比較

我們透過表 1-1 來協助各位對比一下生成式 AI 和大型語言模型的區別：

表 1-1　生成式 AI 與 LLMs 的比較

特性	生成式 AI（GenAI）	大型語言模型（LLMs）
範疇	人工智慧的一個廣泛分支	生成式 AI 中的一個重要子集和核心組件
主要功能	生成各種新內容（文字、圖像、音樂、程式碼等）	專注於理解和生成自然語言文本
核心技術	深度學習模型，尤其常用 Transformer 架構	基於 Transformer 架構
應用廣度	涵蓋多模態內容生成	主要在自然語言處理領域

1-1 生成式 AI（Generative AI）與大型語言模型（LLM）簡介

LangChain：開發 LLM 應用的框架

在本書的專案中，我們主要使用 LangChain 這個開源框架來操作 LLMs。LangChain 提供了一系列工具以及物件，使開發者能夠更容易地開發基於 LLM 的應用程式，並多種 LLM 以及向量資料庫的存取，我們可以透過如圖 1-1 當中的語法，來安裝位於 PYPI 上的開源 LangChain 套件。

圖 1-1　PYPI 上 LangChain 截圖

LangChain 的主要特點包括：

- **鏈式結構**：支持將多個模組組合成處理流程，如輸入處理、模型推理、輸出生成等。
- **記憶機制**：能夠保存對話歷史，實現上下文感知的交互。
- **代理（Agent）支持**：允許模型根據任務動態選擇工具或行動。

透過 LangChain，開發者可以快速整合各種語言模型，並實現複雜的應用架構，如聊天機器人、知識問答系統等，讓我們看一下下面這段程式：

```
1.  from langchain_openai import ChatOpenAI
2.
3.  llm = ChatOpenAI(
4.      api_key=<api_key>,
5.      model_name="gpt-4o"
```

1-5

```
6.  )
7.
8.  print(llm.invoke("你好，請簡短告訴我你可以為我提供什麼服務？").
    content)
```

上面這段程式碼快速串接了 OpenAI 的 GPT-4o 模型，並且簡單提問了一個問題，可以看到程式碼總共就短短的 8 行，就可以讓我們串接模型來做問答，下圖 1-2 是執行這段程式碼後應該會得到的結果。

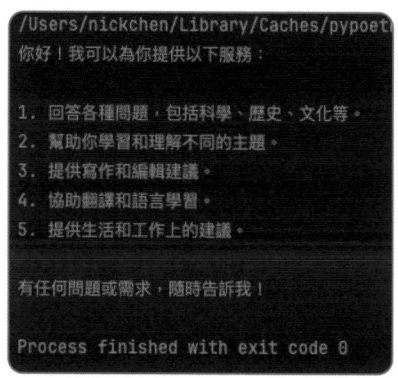

圖 1-2　LangChain 簡單範例

向量（Embedding）技術

向量（Embedding）技術是自然語言處理中的重要環節。它將詞語轉換為數值向量，使得語義相近的詞在向量空間中距離較近，從而有助於模型更好地理解語言的語意和結構。

這些方法使得模型能夠捕捉詞語之間的語義關係，例如「貓」和「狗」的向量距離較近，而與「蘋果」的距離則較遠，反映了它們在語義上的相似性。

1-2 LLMs 的幻覺與知識更新問題

LLMs 產生幻覺的原因

LLMs 在生成文字時,有時會產生所謂的「幻覺」(hallucination),白話來說就是模型給出聽起來合理但實際上不正確或不存在的資訊。導致幻覺的原因是多方面的,包括模型的訓練方式與統計推斷特性,以及其知識範圍和語境理解上的限制:

- 訓練方式限制:

    主流的 LLM(如 GPT 系列)主要透過大量未經校驗的文本進行無監督訓練,學習在各種語境下預測下一個最可能的詞。模型在訓練過程中並未被強制要求「理解」或「驗證」事實的正確性,只是從語料中統計模式來產生回答。

    因此,如果訓練資料本身含有偏誤或錯誤資訊,模型可能會學到並在回答中重現這些不精確內容。由於缺乏對真實世界知識的校對機制,模型無法靠地區分真實與虛構訊息。

- 統計推斷特性:

    LLM 本質上是基於統計相關性的語言預測模型,缺乏真正的語義理解和推理能力。模型選擇詞語主要依賴於在訓練數據中學到的出現概率,而非對事實真偽的判斷。這種「相關性取代因果性」的特性意味著模型可能會生成語法上流暢且看似可信,但實則與現實不符的答案。換言之,LLM 沒有內建的知識驗證機制,只會根據字詞分布去猜測可能的回答,這容易導致貌似可信但內容虛構的結果。

生成式 AI 與 RAG 的核心概念

- **知識邊界有限：**

    LLM 的知識受限於其訓練數據的範圍和時效。模型參數中封裝的所謂「記憶」是靜態的，通常只涵蓋訓練時期之前的資訊。當模型遇到超出其訓練語料範圍的長尾知識或**訓練後才出現的新事實**時，就可能因缺乏相關知識而開始臆測答案。

    例如，如果詢問某個模型關於最近才發生的事件或非常冷僻的專業領域問題，模型可能基於有限的知識硬湊出一個聽似合理但實際不正確的回答，即產生幻覺。模型缺乏即時更新知識的能力，導致**知識盲區**內的問題容易引發錯誤回答。

- **語境與理解限制：**

    大型模型對輸入語境的掌握也有其局限。首先，模型有最大上下文長度限制，超出範圍的資訊無法被記住或處理，可能造成對問題理解的不完整。其次，若使用者的提示不明確或缺乏關鍵細節，模型可能會在不確定時**自行填補**缺失資訊。由於模型傾向產生一個「完整」的回答，它寧可編造細節也不願意直說「不知道」。

    例如，一個含糊的提問可能導致模型基於片面的上下文編造出不存在的事實。另外，模型在生成時帶有隨機性，特別是使用提高 temperature 參數時，可能鼓勵更具創造性的輸出，同時也增加了出現不相關甚至荒誕內容的可能。這些因素都使得 LLM 有時會偏離使用者提供的語境，產生與事實不符的額外資訊。

以上因素都是有可能造成 LLM 模型在資訊不完善或超出其知識範圍時仍會給出自信的回答，卻沒有可靠的機制確保內容真實的原因。

幻覺在問答、法律、醫療等應用中的嚴重性

LLM 的幻覺問題在某些關鍵應用場景中特別令人憂心,因為這些領域對**準確性**要求極高,錯誤的資訊可能導致嚴重的後果:

- **開放問答系統**:在知識問答或聊天助理等應用中,使用者往往信任模型給出的答案。然而,如果模型幻覺出錯誤事實,就會直接向使用者傳遞謬誤資訊。

- **法律領域**:在法律檢索、法律助理等應用中,幻覺後果尤其嚴重。律師或當事人若採信模型虛構的案例或法條,可能造成誤導甚至產生法律責任。真實案例中,紐約有律師曾使用 ChatGPT 協助法律檢索,結果提交給法庭的文件中引用了**不存在的判例**和虛構引文,因而在法庭上出糗。

- **醫療領域**:在醫療問診、輔助診斷等場景,模型的幻覺可能對病患安全造成威脅。醫療資訊高度專業且錯誤代價極高,如果模型編造了一個診斷結果或治療方案,醫生或病患若信以為真,可能導致延誤治療或錯誤用藥。例如,想像一個醫療聊天機器人由於誤解患者症狀而給出錯誤的診斷,甚至建議了不適當的藥物劑量,這將對患者健康造成嚴重隱患。研究顯示,目前最先進的醫療大模型生成的病患摘要中,「幾乎所有」案例都出現了某種幻覺錯誤。

綜合以上,在問答場景中幻覺會削弱系統的公信力並傳播錯誤訊息;在**法律**與**醫療**等高風險領域,幻覺造成的錯誤更可能引發法律責任或危及生命安全。因此,如何抑制和防範 LLM 的幻覺,對於這些應用領域而言至關重要。

1-3
RAG 的基本介紹

檢索增強生成（RAG）的原理與降低幻覺的方法

為了解決前一小節所提到的幻覺問題，有學者提出了「**檢索增強生成**」（Retrieval-Augmented Generation, RAG）的架構。RAG 通過在大型語言模型生成答案時引入**外部知識**作為輔助，將模型的生成**與檢索**結合，從而為模型提供實時且可信的依據，顯著降低內容幻覺的發生率。

其核心思想是：「在模型回答問題前，先從外部資料庫中檢索出與問題相關的資料，並將這些**檢索結果**作為上下文提供給模型，讓模型基於這些實際資料來生成回答」。這好比讓模型從「閉卷考試」變為「開卷考試」，允許它參考現有的知識來源來作答。

一個普通的 RAG 的工作流程通常包含圖 1-3 的步驟：

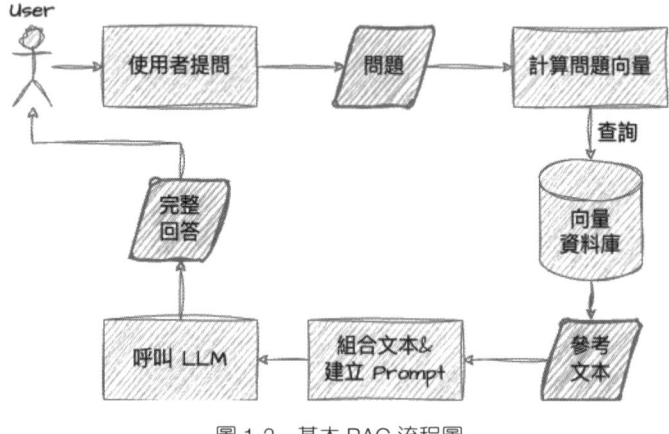

圖 1-3　基本 RAG 流程圖

1. **問題向量化**：當收到使用者的問題後，系統先將該自然語言問題轉換為一個**語義向量**（embedding）。

2. **檢索參考文本**：接著，利用這個向量在**向量資料庫**中進行相似度搜尋，以找出與該問題語義上最相關的文本片段或文件。向量資料庫會預先存儲大量文本資料的向量表示及其關聯原始內容，能夠高效地對比向量相似度並返回相關度最高的幾條內容。

3. **構建提示語**：系統將檢索到的相關資訊與原始的使用者問題合併，組成一個擴充過的**提示語**（prompt）。這個提示中包含了模型作答所需的額外背景知識，從而**增強**了模型在生成答案時可用的資訊基礎。通常提示會以一種結構化的方式呈現，例如：「請根據以下資料回答問題：『...（檢索資訊）...』。問題：...？」這樣模型在生成時會明確知道哪些內容是作答依據。

4. **生成回答**：LLM 接收到包含背景資料的提示後，會將這些檢索資訊作為上下文，結合自身的語言生成能力來產生最終的回答。由於模型此時**不再僅依賴內部參數知識**，而是有外部提供的事實依據，它更傾向於從提供的內容中尋找答案。這大幅降低了模型憑空編造的動機，因為有真實資料可供參考。

透過上述流程，RAG 架構有效地將 LLM 的語言生成能力與外部知識檢索結合起來，使模型**有據可依**。實驗證明，這種方法能顯著降低模型產生幻覺的機率。因為模型在回答問題時**手頭就有相關資料**，不需要臆測未知資訊，從而提高了回答的事實正確率。

RAG 對 LLM 靜態知識限制的補足與動態應用支持

聊完有關 RAG 的流程後，我們來談談 RAG 可以協助我們優化 LLM 的哪個部分。由於傳統 LLM 的知識是**靜態封裝**在模型參數中的，訓練後無法自動更新，這對需要最新資訊或動態變化資料的應用是一大限制。RAG 恰好可以補足這方面的不足，為 LLM 注入即時的外部知識，從而支持更動態和即時性的應用場景：

- 即時引入最新知識：

    RAG 透過檢索最新更新的資料庫或文件，模型的回答可以反映出最新的事實和變化。例如，在金融或新聞問答中，模型可以透過檢索即時的行情數據或新聞文章來獲取當日資訊，避免知識時效性的問題。

    相比之下，傳統 LLM 如果被問到超出其訓練截止日期的事件，只能猜測回答，往往導致錯誤或拒答。而 RAG 能讓模型緊跟最新資料，確保回答與當前現實同步。

- 動態資料與個性化內容：

    在很多應用中，資料並非靜態不變。例如電商網站的商品庫存、使用者的個人資料、公司內部文件等都在隨時間更新。使用 RAG，開發者可以將**私有或動態資料**存入向量資料庫，查詢時即檢索相關內容提供給模型，這意味著模型能夠針對**使用者當下的情境**給出回答。

    例如：客服助理可以檢索最新的訂單狀態回答客戶查詢，或企業知識庫問答系統可以檢索最新的內部政策文件來回答員工問題。LLM 在 RAG 架構下可隨資料變動而反映最新狀態，支援高度動態的應用需求。

- **無須頻繁重新訓練：**

    RAG 極大減少了為了知識更新而重新訓練或微調模型的需求。傳統上，要讓模型掌握新知識，可能需要收集新資料對模型進行微調（fine-tune）甚至重新訓練，這既耗時又昂貴，而且每次調整都有過擬合或性能退化的風險。

    相較而言，RAG 架構只需保持知識庫資料的新鮮和準確，就能讓模型及時「學習」到新內容。這種**可插拔式的知識更新**機制，使得模型的維護更為簡便經濟。例如：企業若有新的產品發布，只要將相關說明文檔加入檢索庫，問答系統立刻就能回答關於新產品的問題，而無須對底層模型做任何改動。

- **擴充模型的專業領域能力：**

    LLM 雖然泛用但在很多垂直領域未必具備足夠深度的知識。透過 RAG，我們可以將專業領域的知識庫與模型結合，提升模型在該領域回答問題的能力。例如，醫療問答系統可以接入醫學文獻資料庫，法律助理可以接入法規條文與案例庫。

    這種方式等於**擴充模型的知識範圍**，讓模型在專業問題上不至於因為訓練語料不足而張冠李戴或捏造事實。模型在生成過程中參考領域知識作答，自然能提供更精確的專業答覆，同時避免虛構不存在的專有名詞或理論。

總而言之，RAG 架構透過**即時檢索**賦予 LLM 所缺乏的動態知識來源，突破了其只能依賴訓練記憶的瓶頸。這使得 LLM 的應用從靜態知識問答拓展到**實時更新**的資訊服務，無論是追蹤最新事件、查詢個性化資料，還是深入專業領域知識，RAG 都為模型提供了靈活伸縮的「外部智庫」。

RAG 的發展階段

RAG（Retrieval-Augmented Generation）自問世以來，已歷經多次演進，整體發展可概括為三個階段：初級 RAG（Naive RAG）、進階 RAG（Advanced RAG），以及模組化 RAG（Modular RAG）。每一階段的技術重點與應用場景皆有所不同，以下逐一說明。

◪ 初級 RAG：簡單可行的檢索輔助生成

在最初的 RAG 架構中，系統會根據使用者的查詢，從外部知識庫中擷取相關文件片段，接著直接將這些內容與問題一併輸入語言模型中進行回應生成。這種方法的實作門檻低、結構單純，適合用作入門範例。然而，由於缺乏進一步的資料篩選與優化機制，檢索內容可能與查詢高度不一致，導致生成結果不夠精確、甚至出現幻覺（hallucination）問題，至於流程圖的部分我們可以看前面提到的圖 1-3。

◪ 進階 RAG：優化檢索，提升準確度

為了解決初級 RAG 的不足，第二階段的 RAG 導入了多種檢索與排序優化技術，使系統更能精準對應查詢意圖。常見的改進措施可以參考如圖 1-4：

- **細緻切分與索引優化**：將文件依語意或段落進行更細緻的切分，並使用向量索引強化檢索精度。
- **重排序（Re-ranking）機制**：初步檢索後再運用語意相似度模型進行二次篩選，確保選出的段落與問題高度相關。
- **查詢擴充（Query Expansion）**：透過同義詞、關鍵詞擴充等方式，增加檢索範圍，提高召回率。

這些機制的加入，使得生成模型不再只是被動接受檢索結果，而能基於更準確的上下文生成更具邏輯與事實根據的回答。

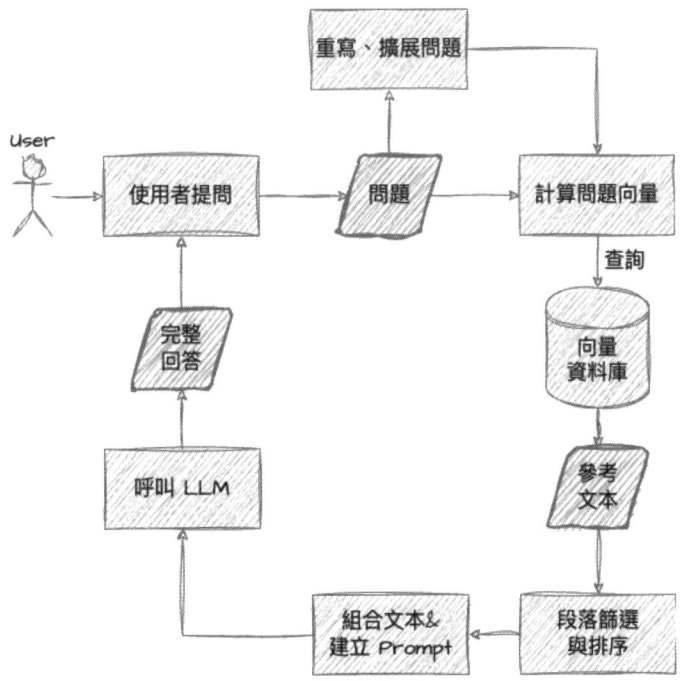

圖 1-4　進階 RAG 運作流程

▰ 模組化 RAG：邁向可擴展與可重構的架構設計

隨著應用場景的多樣化，RAG 的最新階段朝向模組化架構發展。這種設計將整體流程拆解為多個可獨立調整的模組（如圖 1-5），每個模組各自間可以再延伸出自己的 RAG 流程，最終形成一個最後的回答，比較特別的是，可以考慮在回傳答案給使用者之前，加入回答評估模組，來針對回答進行更進一步的評估。

模組化 RAG 提升了系統的彈性與可維護性，也更容易根據不同領域（例如法律、醫療、金融）進行客製化開發，是未來企業與開發者實作 RAG 系統的重要方向。

01 生成式 AI 與 RAG 的核心概念

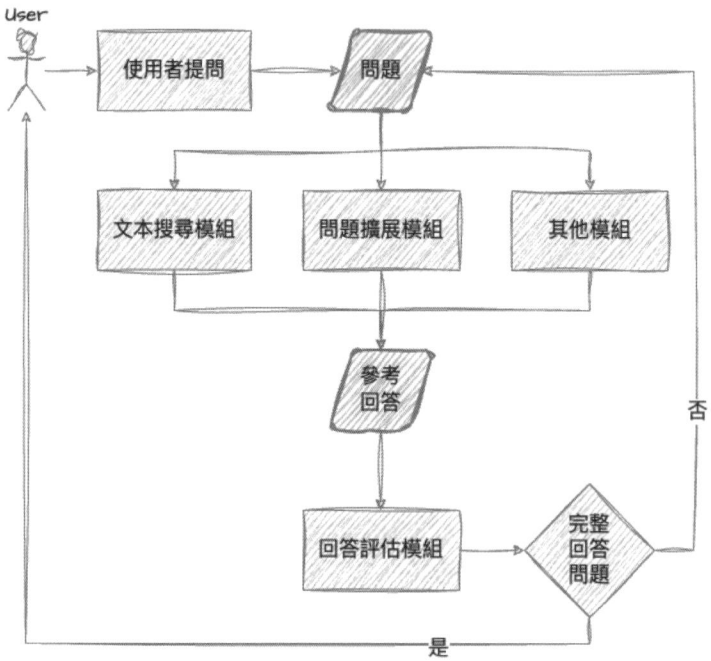

圖 1-5　模組化 RAG 運作流程

LangChain 與 RAG 的整合應用

接下來我們來談談 LangChain 與 RAG 的關係，為了方便開發者搭建這類 RAG 系統，業界出現了像 LangChain 這樣的高層框架工具。LangChain 專門用於**串接大型語言模型與各種外部資源**，使開發者能以模組化的方式組裝 LLM 應用。針對 RAG 類的需求，LangChain 提供了現成的元件與範式來整合檢索與生成流程：

- **向量資料庫整合**：LangChain 支援與多種向量資料庫的連接（如 FAISS、Pinecone 等），開發者可以方便地使用其接口將嵌入向量的檢索結果接入到 LLM 的提示中。比如利用 LangChain 的檢索器（Retriever）模組，可以定義從 Pinecone 獲取相似文檔的步驟，無縫融入後續的生成鏈中。

- **RetrieverQA Chain**：LangChain 提供了高層的**檢索問答鏈**（Retrieval QA Chain）等工具，封裝了「問題 → 檢索 → 生成回答」的完整流程。開發者只需指定所用的 LLM 和向量庫，LangChain 會自動完成向量檢索、將結果插入提示，並調用模型產生答案的步驟。
- **記憶與多輪對話**：對於需要多輪對話的應用，LangChain 也能將 RAG 與對話記憶結合。例如：使用 ConversationalRetrievalChain，可以在對話機器人每次生成回覆時都檢索相關知識，並將之前對話歷史和新檢索資訊一起提供給模型，實現既能記住對話上下文又能查資料的智能助理。

透過這些工具，LangChain 把 RAG 的各個組件串聯起來，讓開發者不用從零開始實現每個步驟，直接利用框架提供的積木搭建完整的解決方案。LangChain 等工具大大簡化了 RAG 在實際系統中的應用落地，使得開發**具備即時檢索能力**的智慧型問答和助理變得更加快捷方便。

1-4 章節回顧

在這個章節中，我們首先深入探索了生成式 AI 與大型語言模型的基本概念。生成式 AI 是當前人工智慧領域中極具創新性且充滿潛力的技術，透過 Transformer 架構的深度學習模型，能夠生成各類內容，包括文字、圖像、音樂及程式碼。特別是大型語言模型，更展現了卓越的語言理解和生成能力，廣泛應用於自然語言處理的各種任務中。

然而，強大的生成能力同時伴隨著幻覺（Hallucination）和知識更新滯後等問題。幻覺問題的根源在於模型的訓練方式、統計推斷特性以及其內建知識邊界的限制，導致在資訊不足或語境不明時，容易生成看似合理但錯誤的內容，尤其在醫療、法律等高風險領域更顯嚴重。

針對這些挑戰，RAG 架構被提出來作為解決方案，透過即時檢索外部資料庫的知識，提供給模型更準確且可信賴的背景資訊，從而大幅降低幻覺產生的可能性。RAG 的發展歷經了初級、進階與模組化三個階段，逐步提升了檢索精度與靈活性，擴展了模型動態應用與個性化資訊處理的能力。

我們也特別介紹了 LangChain 這個開源框架，展示了如何利用它快速建立結合 LLM 與檢索流程的應用，並簡化系統建置與維護。此外，還詳細闡述了向量（Embedding）技術在語意理解與檢索中的重要角色，作為 RAG 系統不可或缺的一環。

透過這一章的學習，我們掌握了生成式 AI 與 RAG 系統的重要觀念和架構設計方法，為接下來實務操作和進階應用奠定了堅實的理論基礎。

02
環境架設與金鑰申請

2-1　開發環境架設（**Python**、**PyCharm** 以及虛擬環境）

2-2　**OpenAI** 金鑰申請

2-3　**Mongo Atlas** 服務申請

2-4　章節回顧

02 環境架設與金鑰申請

本章將帶領各位讀者實際進行生成式 AI 環境的搭建以及相關金鑰的申請。由於後續章節的實務操作皆仰賴本章的環境設定，因此建議讀者務必謹慎操作，確認每個步驟是否順利完成，若有任何疑難雜症，務必及時回頭查閱本章節進行確認。

提醒各位，本書不會特別說明 Python 語言的基礎語法，若對 Python 還不熟悉的讀者，建議先行透過線上資源（如 YouTube 頻道影片）進行學習。

最後，再次強調，本章的各項操作與設定，皆是後續章節操作的基礎，因此務必確保每一個步驟都能順利完成，若遇到任何問題，應立即回頭參考本章說明進行解決，以確保之後的學習能夠順利進行。

學 | 習 | 目 | 標

* 如何安裝與設定 Python 及相關開發環境（例如：PyCharm），使後續開發更加順暢。
* 如何註冊與取得 OpenAI API 金鑰，確保能夠順利串接並使用 OpenAI 的生成式 AI 服務。
* 如何申請與操作 Mongo Atlas 服務，特別著重在向量資料庫的建立與應用，這將是實現檢索增強生成（RAG）技術的重要環節。

2-1 開發環境架設（Python、PyCharm以及虛擬環境）

首先要先來安裝 Python，如果是使用 Windows 的讀者，可以透過拜訪 Python 的官網，並將滑鼠游標移動到如圖 2-1 中所示的 Download 選項，點開來後就會自動依照你的作業系統顯示出當前最新的 Python 版本，點下來後按照操作步驟進行下載即可。

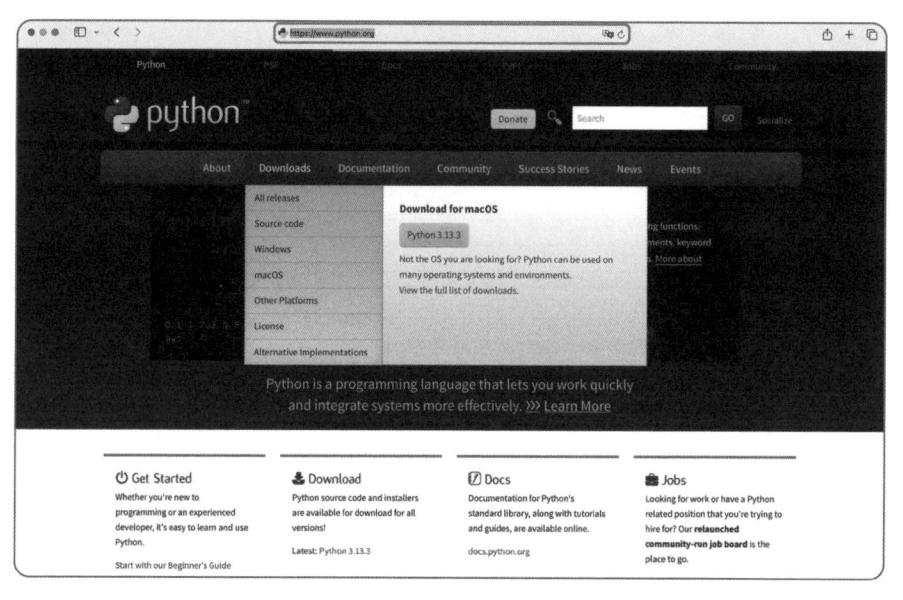

圖 2-1　Python 官方網站

如果是使用 Mac 的讀者，這邊建議你使用 Homebrew 來做 Python 的安裝，後續會比較方便使用，我們可以前往 Homebrew 的官網，進去後就可以看到如圖 2-2 所示的畫面，畫面中有大大的一行指令，直接將指令複製後貼上你的 Mac 終端機中執行，就會開始安裝 Homebrew 了！

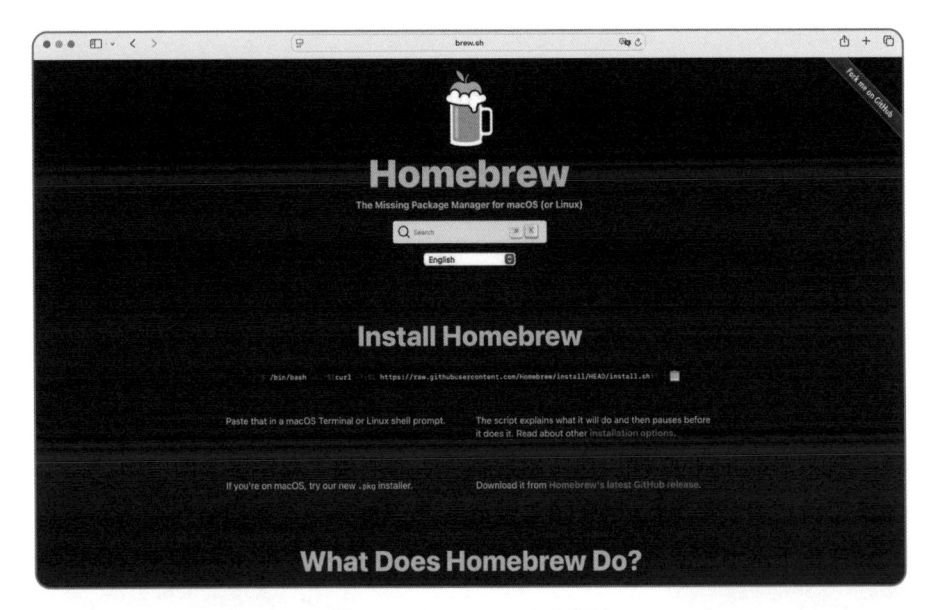

圖 2-2　Homebrew 官方網站

安裝好 Homebrew 後我們可以透過下面這個指令來做 Python 的安裝。在 "<>" 中的內容是選填，如果你今天有想指定使用的 Python 版本的話，可以自行輸入，否則預設都會是安裝最新版本的 Python。至於書中接下來的範例都會使用 Python 3.11 來做，原則上範例中的程式碼跟版本不會有太大的關係，請各位讀者放心使用。

```
brew install python <or python@3.x>
```

2-1 開發環境架設（Python、PyCharm 以及虛擬環境）

在 Python 程式語言安裝好後，我們就要來針對開發環境的建立，筆者這邊習慣使用的是 PyCharm，如果各位讀者有自己習慣的，也可以自行選用。使用 PyCharm 的主要原因是，他可以很方便的協助我們管理 Python 的虛擬環境，並且也針對一些主流框架（例如：Django、FastAPI）做深度的整合，非常適合 LangChain 這種更新速度極快的套件。

請先前往 https://www.jetbrains.com/pycharm/download/?section=mac 這個官網中下載區塊的網址，你應該會看到如圖 2-3 所示的畫面，請注意這個時候請先不要點選下載，官網預設會將付費版放置於最上面，我們要使用的是 Community 版，這個版本雖然功能少了一點，但不影響本書範例中使用。

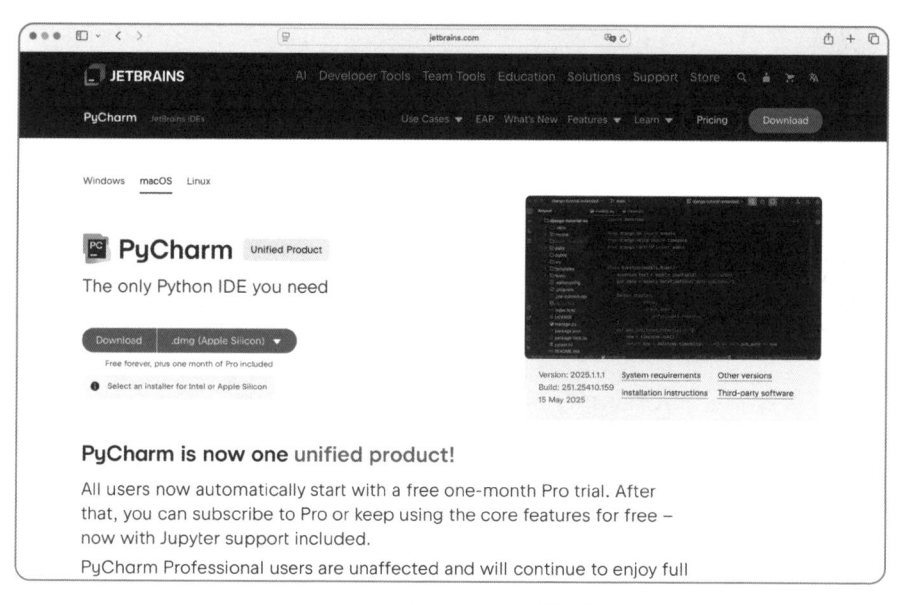

圖 2-3　PyCharm 官網下載頁面

2-5

02 環境架設與金鑰申請

接著讓我們把網頁往下滑，直到看到如圖 2-4 所示的畫面，這個〔Download〕按鈕才是 Community 版本的下載按鈕，請點選下載後按照跳出來的安裝視窗自行安裝即可。

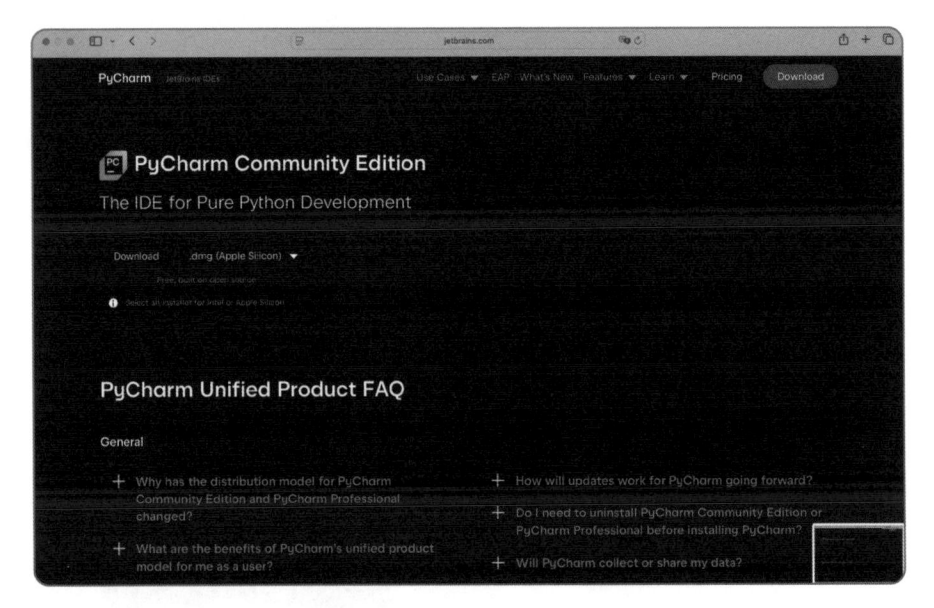

圖 2-4　PyCharm Community 版

安裝好後我們將 PyCharm 打開，應該可以看到出現如圖 2-5 所示的類似畫面，筆者這邊已經有一些專案所以會有一些項目，如果是第一次安裝的話，應該會是空的。

2-1 開發環境架設（Python、PyCharm 以及虛擬環境）

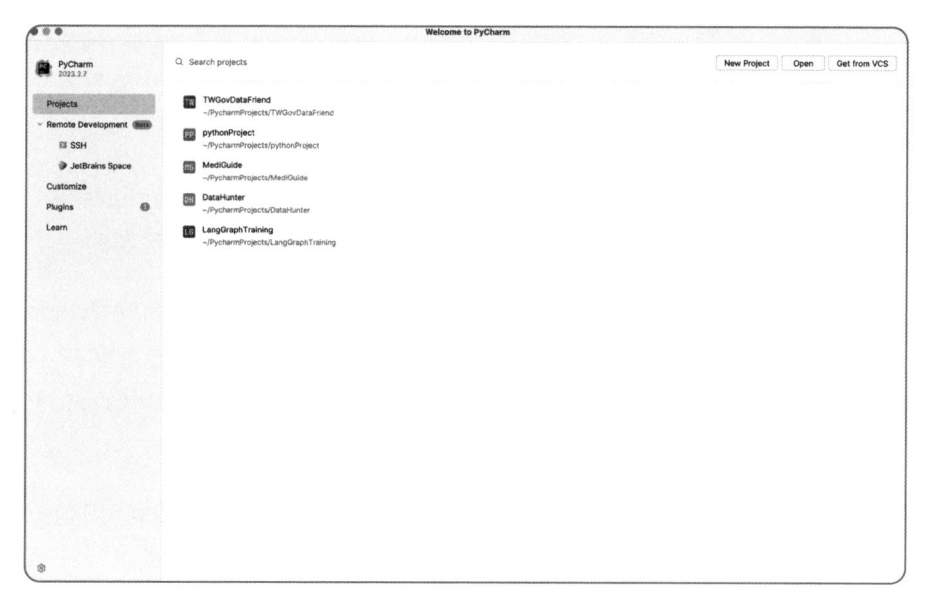

圖 2-5　PyCharm 專案清單畫面

點選〔New Project〕按鈕後會來到如圖 2-6 所示的畫面，這個畫面可以協助我們建立一個新的專案，甚至設定好後連同虛擬環境也可以一併建立。

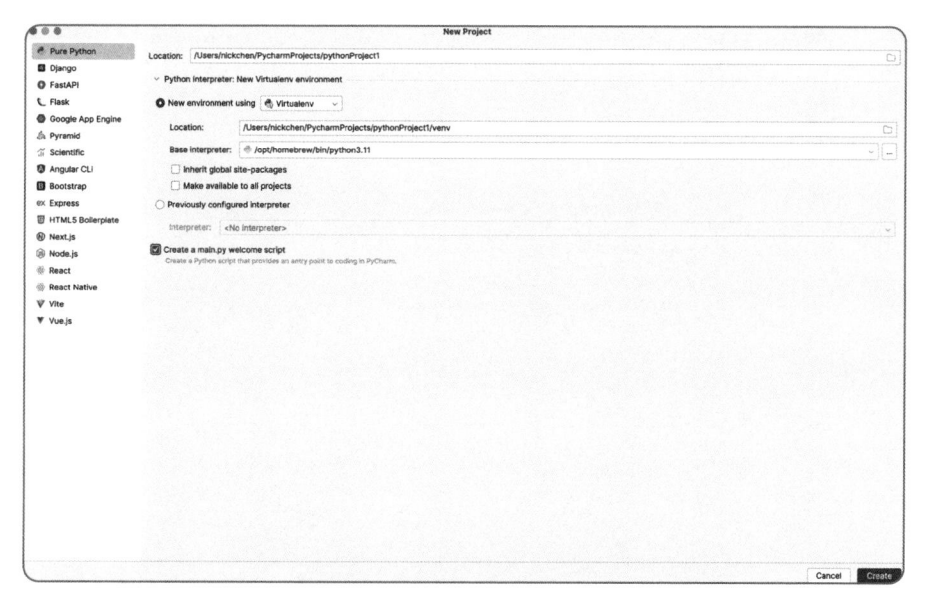

圖 2-6　PyCharm 建立新專案

2-7

02 環境架設與金鑰申請

在這個畫面中我們首先可以看到"Location"這個部分，這邊可以切換成你喜歡的目錄，目錄當中最後一個目錄則會作為你這個專案的目錄，請妥善命名。

接著往下看到"New environment using"這個欄位，請選擇〔Virtualenv〕作為我們的虛擬環境，這個虛擬環境操作起來是最為簡單且最好理解的。

最後"Base interpreter"這個選項，這邊我們要選擇你剛剛安裝的 Python 的所在地，以 MAC 為例，如果是用 Homebrew 進行安裝的話通常會在 "/opt/homebrew/bin/" 這層目錄下，選好後就可以點選右下角的〔Create〕按鈕。

點選後畫面應該會跳轉至如圖 2-7 所示，PyCharm 會開始協助我們建立一個專案，在目錄列表當中可以看到出現一個"venv"的目錄以及一個"main.py"檔案，這個 venv 目錄就是我們的虛擬環境用來存放 Python 以及其他套件的地方，請記得不要刪除，而 main.py 當中可以看到已經有一些寫好的程式碼，這是 PyCharm 替我們建立的範例程式碼，有看到這些東西就表示你的專案已經建立成功囉。

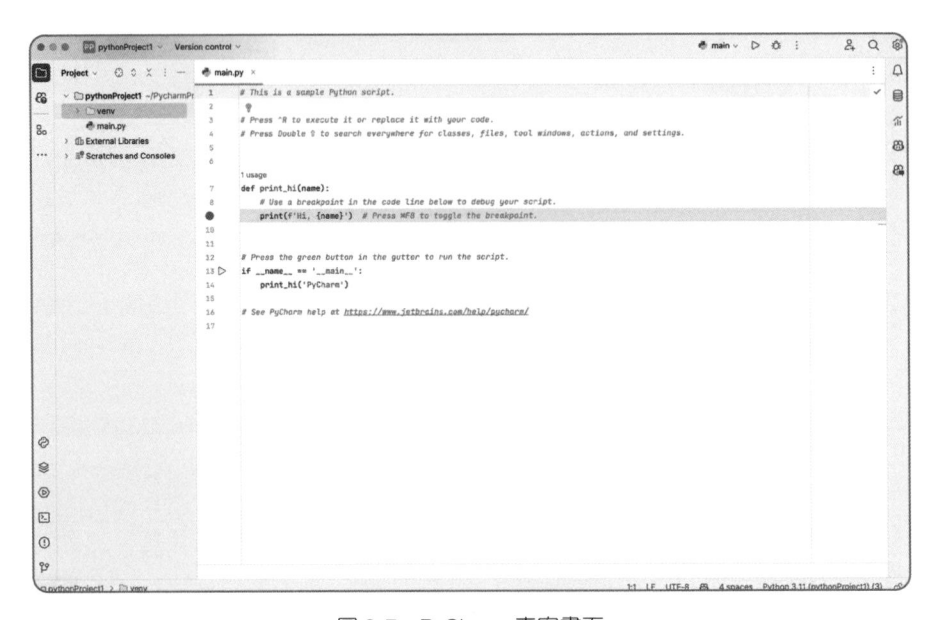

圖 2-7　PyCharm 專案畫面

2-1 開發環境架設（Python、PyCharm 以及虛擬環境）

最後我們要來看一下 PyCharm 在執行時該怎麼確認有正確進入虛擬環境，請看到你的畫面左下角往上數來第三個，應該會有一個終端機的符號，打開來後應該會看到如圖 2-8 所示的畫面。

圖 2-8　PyCharm Console

打開來後應該要能看到你的終端機前面出現一個以 "(venv)" 為開頭的字樣，這表示這個終端機有正確進入我們的虛擬環境，在這邊就可以自由的使用 "pip install xxx" 來安裝套件或是使用 "python main.py" 等等的指令來執行你的 Python 程式，而不會影響到最外層的 Python 執行了！

> 💡 **Tips**
> 如果你不小心把你的虛擬環境玩爛了，就把目錄中的 venv 目錄刪掉透過右下角的引導重新建立一個就可以了！

另外我們也可以透過直接在 ".py" 檔中直接按下右鍵並選擇 "Run" 或是 "Debug" 這個選項，這個選項是透過 PyCharm 來直接執行，可以更加便利讓我們可以不用打指令就直接執行指定的檔案，下圖 2-9 中就是直接選擇〔Run〕選項後的結果，可以看到有別於終端機的視窗，透過 PyCharm 執行時會跳出一個三角形箭頭的符號，PyCharm 會自動協助我們進入虛擬環境並將結果印出來。

圖 2-9　PyCharm 執行

2-2 OpenAI 金鑰申請

接下來我們來看一下該如何申請 OpenAI 的 API 金鑰,首先你需要有一個 Google 帳號,或是如圖 2-10 中所示的任何一個 email(如:Microsoft 帳戶、Apple 帳戶以及可使用的手機號碼)用於註冊 OpenAI Platform 的帳號。

圖 2-10　OpenAI 登入畫面

註冊完成並登入成功後,應該會跳轉到如圖 2-11 中的頁面,我們可以看到它會跳轉到預設的主頁,如果沒有跳轉,可以請你點選畫面中右上角有一個「齒輪」的符號,點進去後就可以進行跳轉了。

我們先看到畫面左上角，可以看到我們目前正位於一個叫做 Default Project 的預設專案當中，OpenAI 提供了許多管理 API Key 的方式，這邊我們就統一採用 Default Project 來做範例展示。

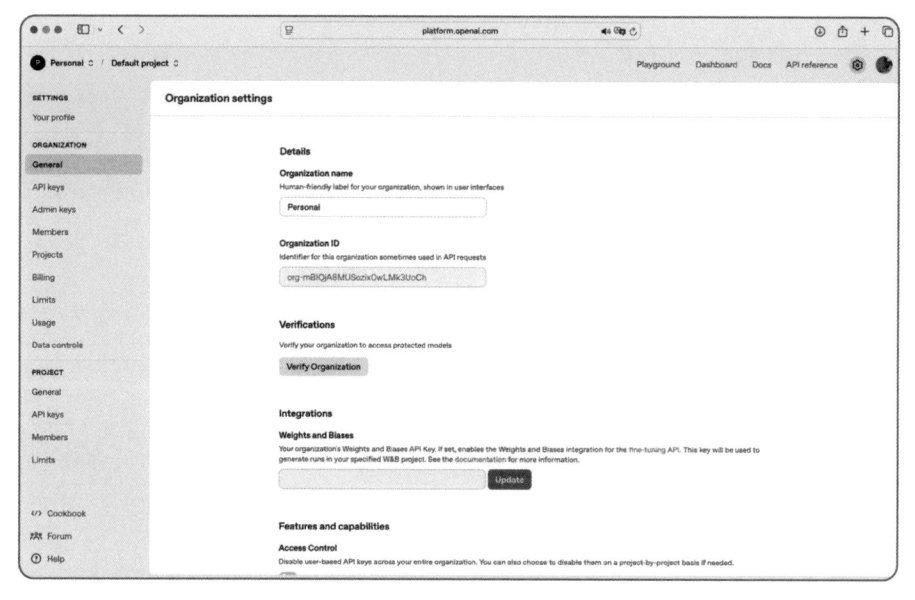

圖 2-11　OpenAI Dashboard 主頁

接著我們可以看到左側的 sidebar 當中，有一個叫做 "PROJECT" 的分類，在這個分類底下有一個叫做〔API keys〕的項目，點選後可以來看到畫面跳轉至如圖 2-12 中的畫面，這個畫面會呈現你目前在 "Default Project" 這個專案當中所有的 API Key，並且提供你方便的 UI 來進行管理。

2-2　OpenAI 金鑰申請

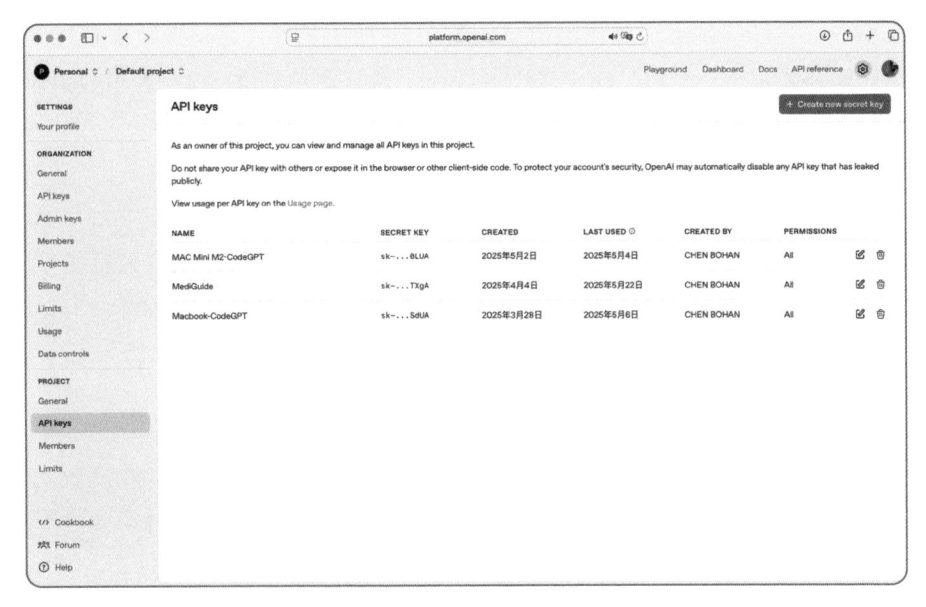

圖 2-12　OpenAI API Keys

接著我們點選右上角綠色的〔Create new secret key〕這個按鈕來建立一組新的 API Key，點選後會彈出如圖 2-13 中的視窗，這邊我們就做個 Key 的命名就可以直接點選〔Create secret key〕來建立 Key。

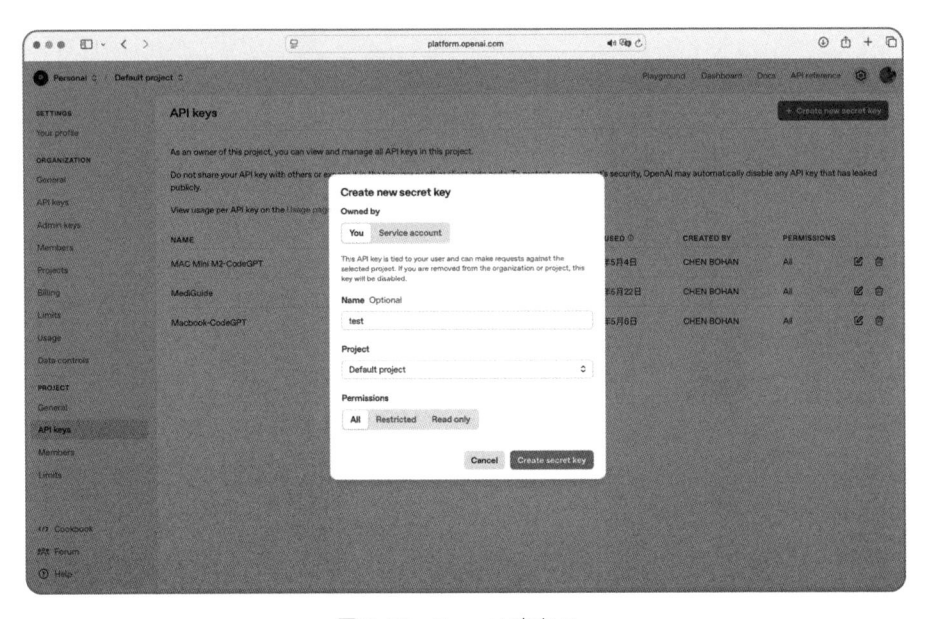

圖 2-13　OpenAI 建立 Key

2-13

點選後，會切換到另一個彈出視窗如圖 2-14 所示，請注意這邊不要直接關閉，這邊會呈現一組以 "sk-" 開頭的 Key，請注意要點選 Copy 來複製到你需要的地方，未來你不會再看到這組 Key。

> **Tips**
> 一般來說，我們會將 Key 存放在專案當中的 ".env" 檔案當中來進行使用，後續我們會使用一個簡單的程式來教大家如何讀取環境變數檔！

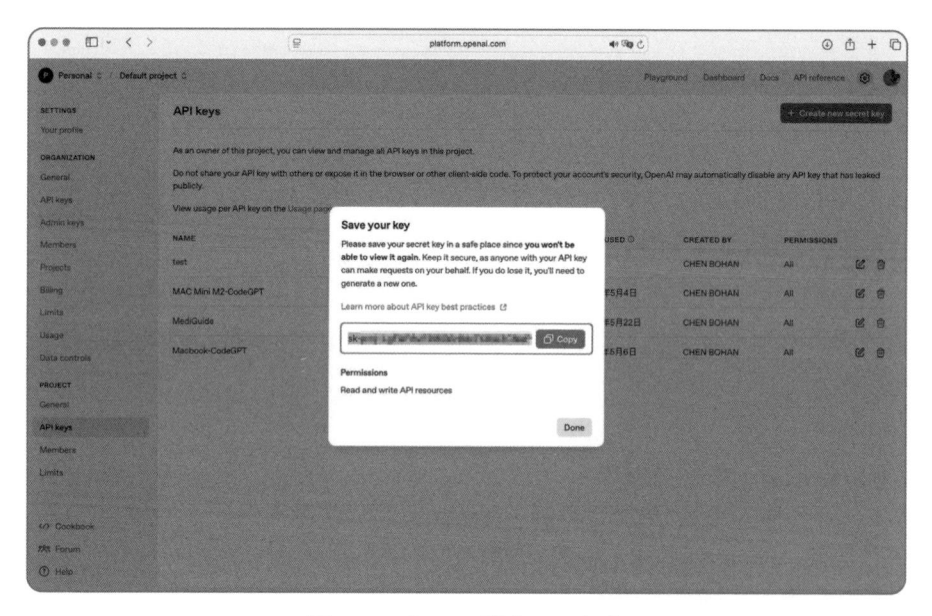

圖 2-14　OpenAI 建立 Key 完成

儲存完 Key 後，我們可以看到左側同樣是 "Project" 底下有個叫做〔Limits〕的分類，點選進去後可以看到如圖 2-15 中的畫面。在這邊會顯示我們這個 "Default Project" 的一些限制，例如：可以使用的模型、可以使用的預算、預算上限提醒等等，可以依照自己的球來進行設定這邊請至少設定〔gpt-4o〕以及〔text-embedding-3-small〕這兩個模型，方便後面的章節進行演練。

> **Tips**
>
> 模型使用權限設定完成後,官方表定是需要等 3～5 分鐘左右才會生效,在這之前打 API 的話都會呈現無法訪問的狀態,筆者這邊自己實測有時候會需要等大概 10 分鐘,請各位在執行範例時如果發生錯誤的話,記得留意一下錯誤訊息的種類!

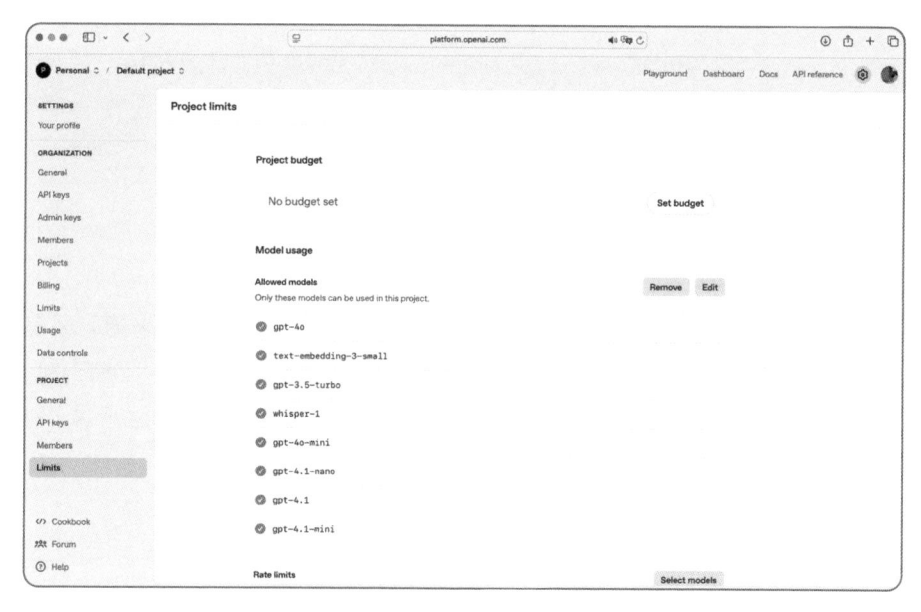

圖 2-15　OpenAI Limits 頁面

在申請完 OpenAI 的金鑰後,讓我們透過一個簡單的範例來進行測試,看看是否可以正常取得模型的回覆,讓我們看一下下面這段程式碼。

> **Tips**
>
> 執行範例前請先使用"pip install python-dotenv openai"來做套件安裝!

02　環境架設與金鑰申請

```
1.  from openai import OpenAI
2.  from dotenv import load_dotenv
3.
4.  load_dotenv("./.env")
5.
6.  client = OpenAI()
7.  response = client.chat.completions.create(
8.      model="gpt-4o",
9.      messages=[
10.         {"role": "user", "content": "你是誰？？"},
11.     ],
12. )
13.
14. print(response.choices[0].message.content)
```

在這段範例當中，可以看到我們使用 "load_dotenv()" 這個方法來讀取環境變數這個檔案，環境變數的內容可以參考下面的範例，請注意 "OPENAI_API_KEY" 這個名稱請務必一致，否則會造成即便讀取成功也無法請求 API 的情況。

```
1.  OPENAI_API_KEY="sk-<key 剩下的部分 >"
```

而接著在第 6 行的時候，我們透過 OpenAI 所提供的套件來快速進行測試，最後在第 13 行的時候印出結果，而執行結果的部分應該會出現類似下方的內容。

> 我是 OpenAI 開發的助手，一個基於人工智慧的語言模型。我的目的是協助回答問題並提供資訊。你有什麼需要幫忙的嗎？

這邊我們可以發現，要取得這個結果需要拜訪很多層的屬性、串列等元素，這邊在我們學到 LangChain 後可以簡化不少，詳細範例我們留到第三章再來說明。

2-16

最後我們來補充一下,該怎麼進行儲值以及觀察模型的使用量,首先我們來看到右側 Sidebar 中 "Organization" 分類底下的〔Billing〕選項,點進去後應該可以看到如圖 2-16 所示的畫面,接著可以點選〔Add to credit balance〕選項來進行儲值。

> **Tips**
> 這裡的幣別是 USD,儲值的時後請記得留意匯率!

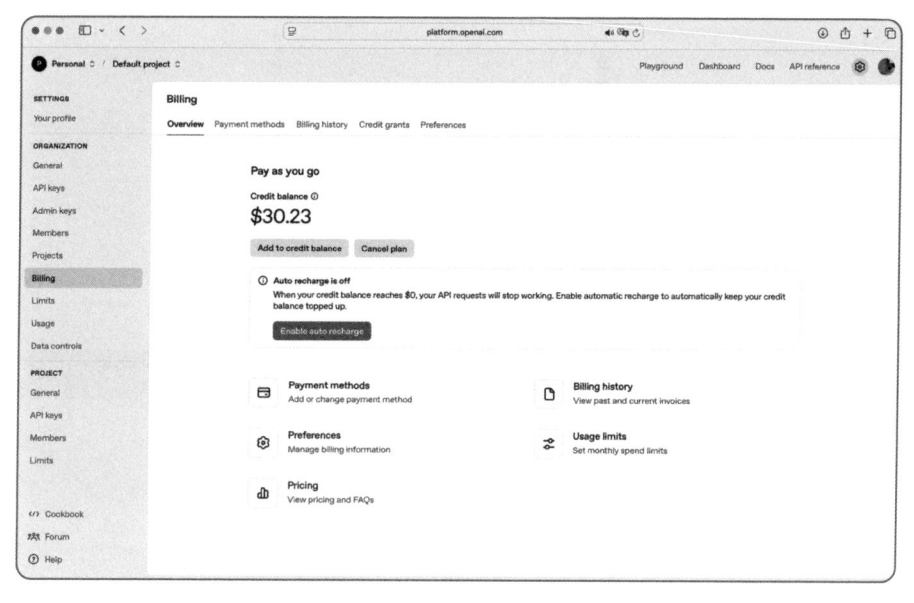

圖 2-16　OpenAI Billing 畫面

最後我們看到同樣位於左側的〔Usage〕這個分類,點進去後可以看到如圖 2-17 中的畫面,這個畫面會呈現你對每個模型的使用量,並且點選進去後也可以詳細看到「每個 Key」對每個模型的使用量是多少,方便我們進行用量監控。

02 環境架設與金鑰申請

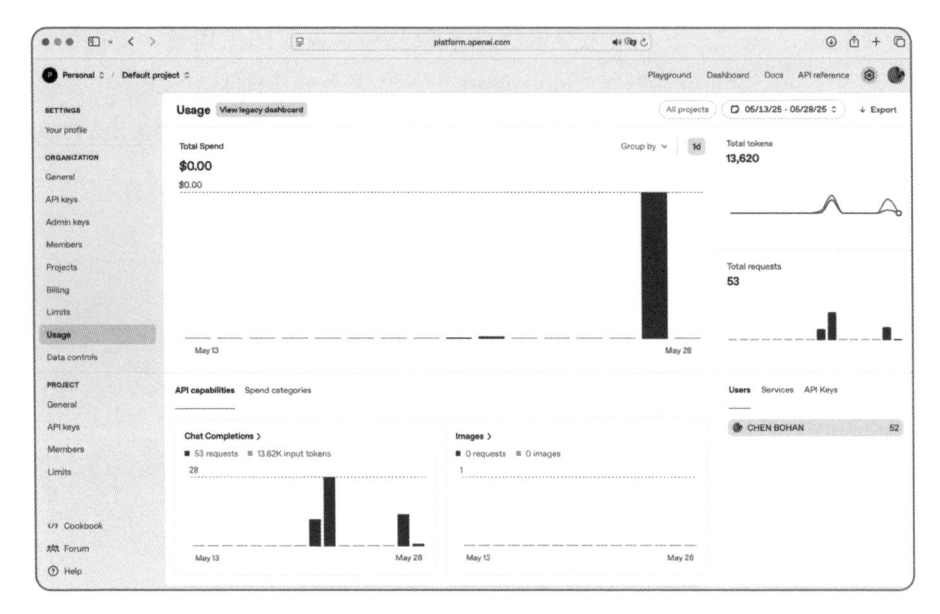

圖 2-17　OpenAI Usage 畫面

2-3 Mongo Atlas 服務申請

最後我們要來說明這次書中範例會使用到的資料庫 ——MongoDB，MongoDB 本身有提供一個線上版的雲端服務叫做 Atlas，使用這向雲端服務你可以不用煩惱資料庫的部署、擴展、維護等等問題，只需要設定你想要的機器，就可以一鍵啟動你的資料庫，並且 Atlas 還提供了 Vector Search 的功能，並且針對向量型態的資料做特殊的索引來提升搜尋的速度、效果，對於 RAG 系統來說非常便捷，當然最主要的是它有免費的資料庫以及完整的範例資料可以操作。

2-3 Mongo Atlas 服務申請

首先可以訪問 https://account.mongodb.com/account/login 這個網址來建立一組 MongoDB Atlas 的帳號，輸入網址後你應該會看到如圖 2-18 所示的畫面，這邊你會需要準備一組 Google 或是 GitHub 的帳號用來進行登入，或是你自己熟悉的 email 也可以。

圖 2-18　Atlas 登入頁面

登入成功後，應該會跳轉到如圖 2-19 所示的畫面，如果沒有則可以留意是否已經進入預設的 Organization 以及 Project，若沒有則按照網頁中的指示依序建立 Organization 以及 Project 即可，有成功進入的話應該會看到畫面中有詢問你要不要建立一個 Cluster。

2-19

02　環境架設與金鑰申請

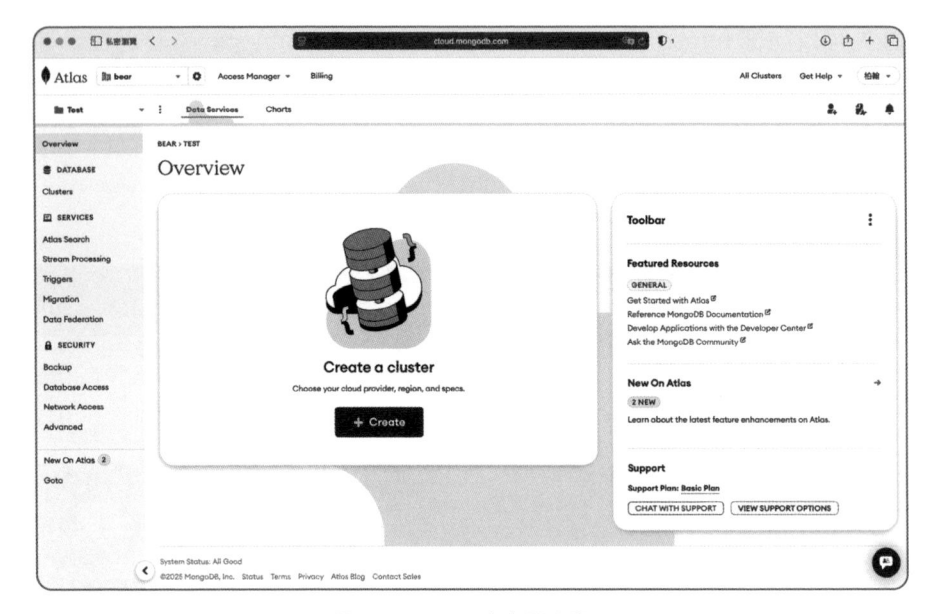

圖 2-19　Atlas 專案預設畫面

接著我們直接點選〔Create〕按鈕開始進行 Cluster 的建立，一個 Project 底下可以有很多個 Cluster，而一個 Cluster 就等於你使用手動安裝或是 Docker 部署起來的 MongoDB 服務，裡面可以開很多個 Database、Collection 等等。

點選 Create 後應該會跳轉到如圖 2-20 所示的畫面，在這個頁面當中我們要設定我們的 Cluster 的基本設定，例如：所在區域（建議選預設）、Cluster 名稱、服務方案（此處選擇 Free 方案，後續可依照需求自行設定）。

另外可以看到右下有一個叫做 "Quick Setup" 的分類，這邊我們把兩個都勾選起來，第一個表示我們要快速建立一個安全設定方案（後續可以再進行調整），第二個則表示要載入預設的資料集，通常這可以作為我們練習用，這邊就載入給各位看看，後續不使用再自行刪除即可。

2-3 Mongo Atlas 服務申請

> **Tips**
> 一個帳號只能建立一個免費的 Cluster，並且容量上限是 512MB 請務必留意資料量！

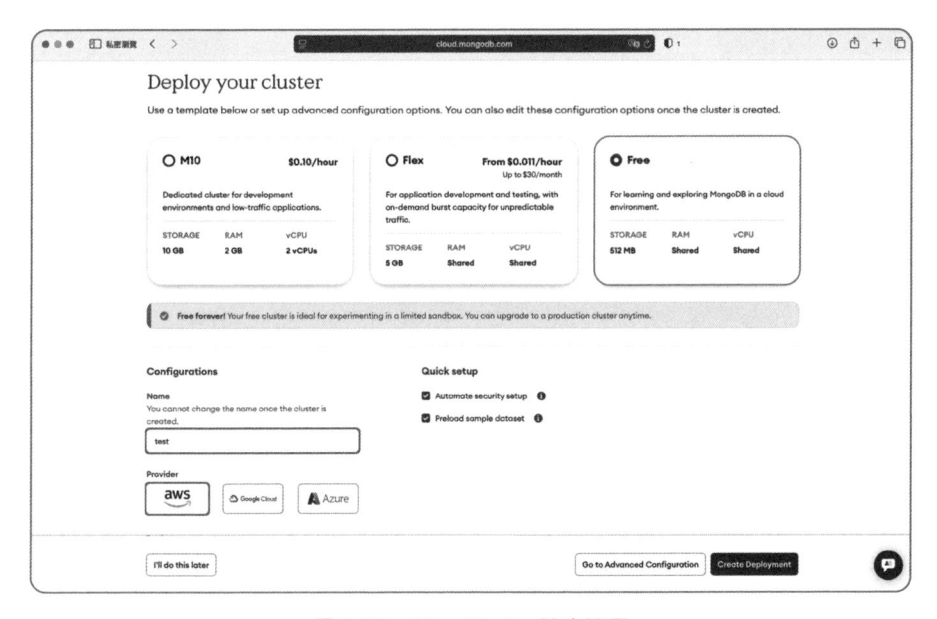

圖 2-20　Atlas Cluster 設定頁面

設定完成之後就可以點選〔Create Deployment〕按鈕進行建立，點選後畫面應該會跳轉至如圖 2-21 中所示的畫面，在這邊網站會開始引導你設定一些登入設定。如果你是第一次登入的話，會先使用你的帳號協助你產生一個使用者以及密碼，請複製密碼並先點選〔Create Database User〕這個按鈕來建立使用者，建立好後就可以點選右下角的〔Choose a connection method〕按鈕前往下一步。

2-21

02 環境架設與金鑰申請

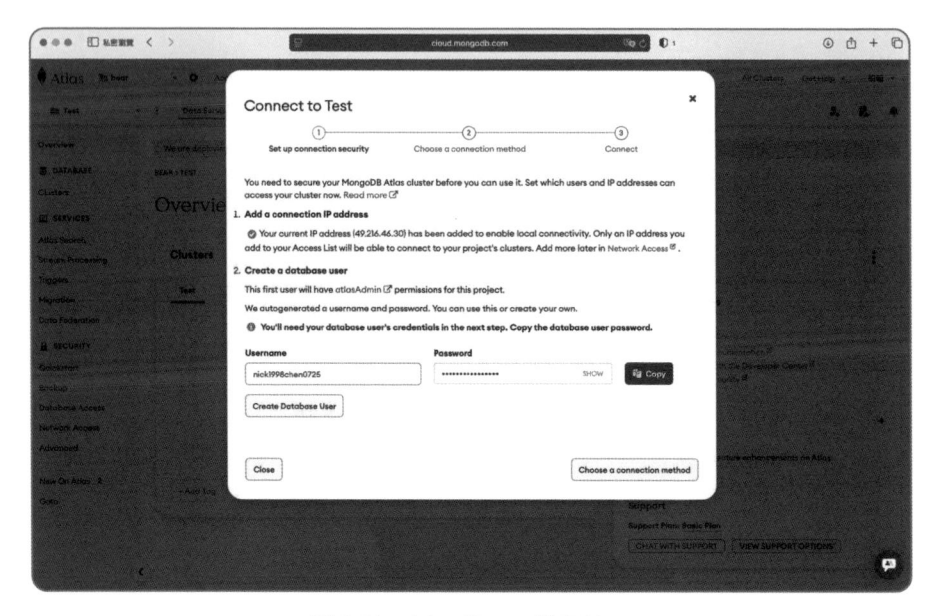

圖 2-21　Atlas Cluster 建立 User

接下來，就會跳轉至如圖 2-22 所示的連線方式選擇的頁面，請注意這邊只是告訴你它有這麼多種連線方式，並非選了就只能用指定的方式，這邊我們先選擇〔Compass〕選項。

圖 2-22　Atlas 選擇連線方式

在進入 Compass 頁面說明前，先岔個題說明如果選擇 "Drivers" 選項的話，應該會跳出如圖 2-23 所示的畫面，這裡會告訴你在各個程式語言當中該下載什麼套件，以及該如何進行簡單連線的範例，後續有需要的話記得可以來這裡索取連線資訊以及範例。

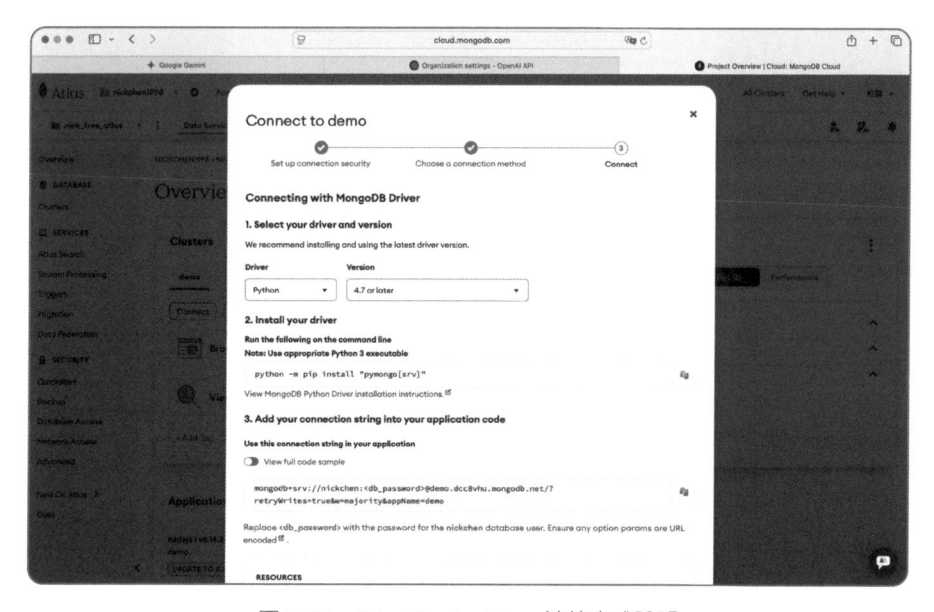

圖 2-23　Atlas Cluster Driver 連線方式說明

接著來說明選擇 "Compass" 選項後的部分，選擇後會跳轉到如圖 2-24 所示的畫面。這邊會問你是否有下載過 Compass 如果沒有的話會提供你連結進行下載。

02 環境架設與金鑰申請

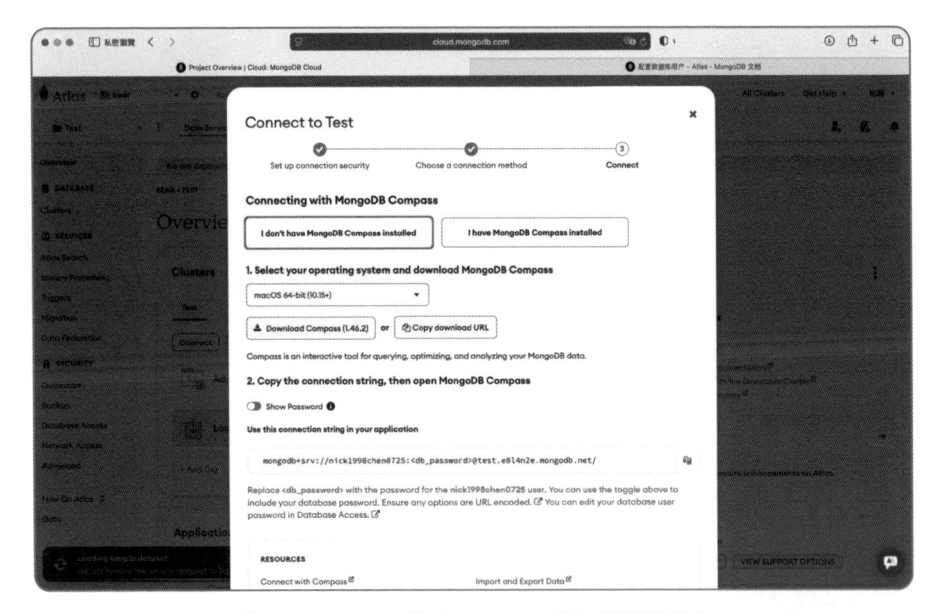

圖 2-24　Atlas 下載 Compass 以及取得連線資訊

補充說明一下，Compass 是 MongoDB 官方提供的 UI 介面，可以讓我們更容易閱讀、操作 MongoDB。下載安裝好 Compass 後，我們記得複製連線資訊，接著打開 Compass 應該可以看到如圖 2-25 所示的畫面。

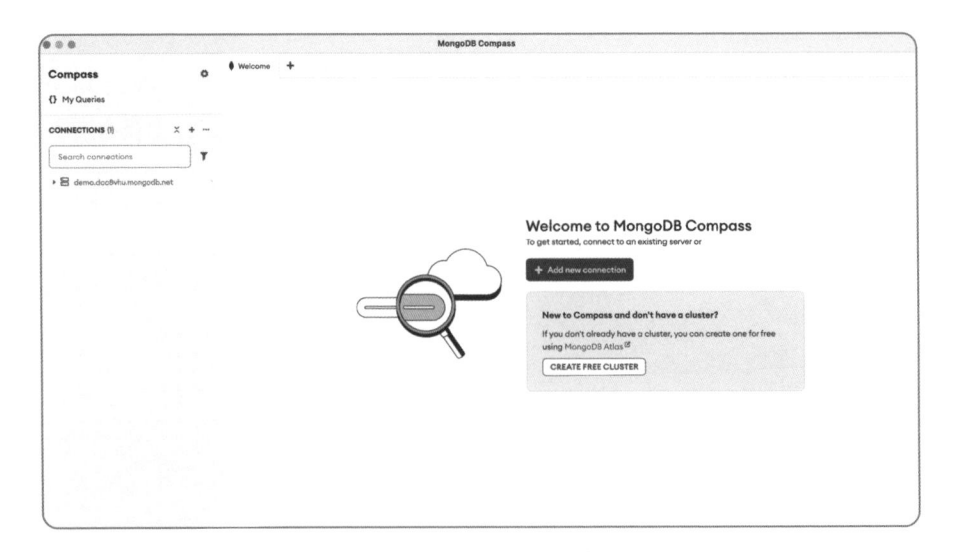

圖 2-25　Compass 預設畫面

2-24

點選畫面中的〔Add new connection〕按鈕，會跳出一個如圖 2-26 所示的彈出視窗，在這邊我們要輸入剛剛複製的連線資訊**並修改你的密碼**，輸入完後點選〔Safe & Connect〕選項就可以進行連線。

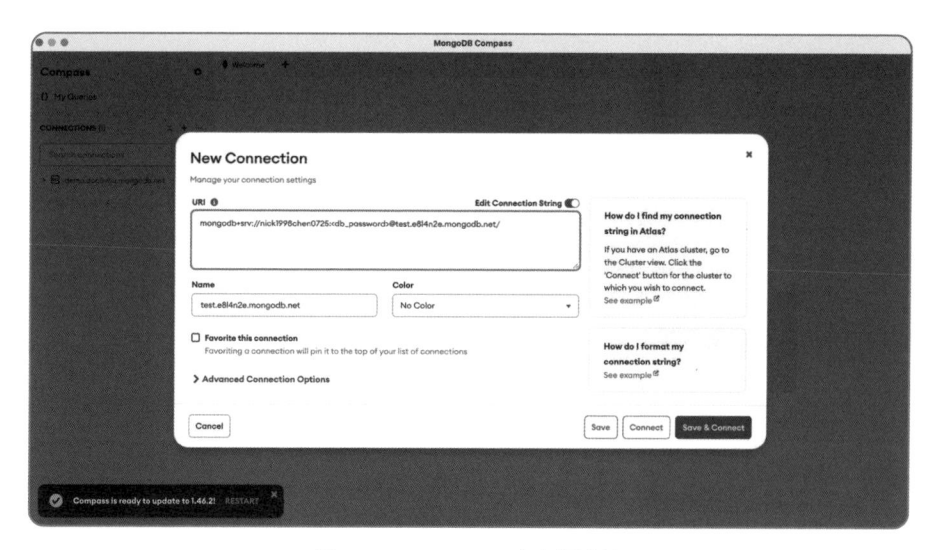

圖 2-26　Compass 建立新連線

連線成功後，如圖 2-27 中所示，應該會長出一個新的標籤可以點選，這個標籤表示你與指定資料庫的連線，點進去後可以查看該資料庫當中有的 Database 以及裡面的相關資料，在 Database 列表當中有看到 "sample_mflix" 這個 Database 出現，就表示有連線成功囉！

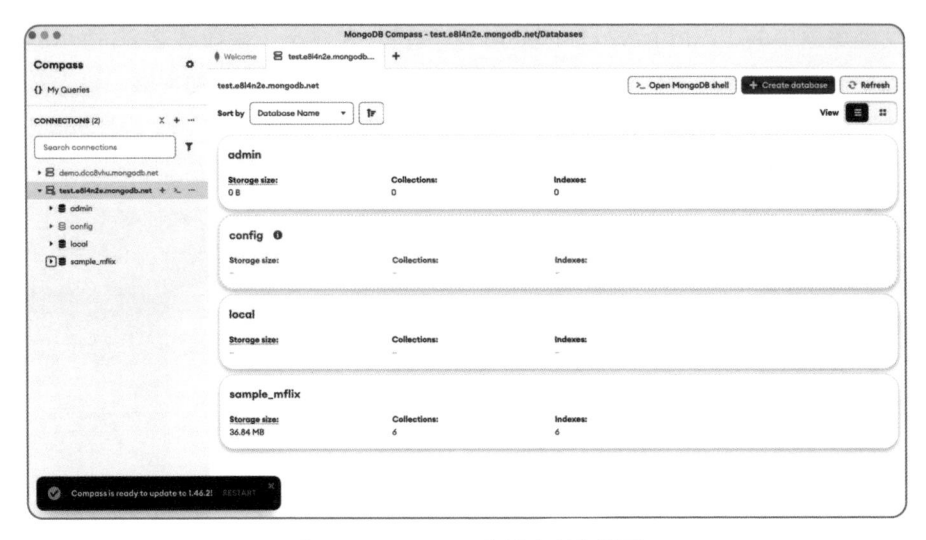

圖 2-27　Compass 預設資料集畫面

另外，如果在設定 Cluster 時沒有勾選要預設資料及的話，就不會出現 "sample_mflix" 這個 Database，這個時候只要確認是否有 "admin" 這個資料庫出現即可！

2-4 章節回顧

在這個章節中，我們著重於搭建實務開發所需的基礎環境與必要金鑰的申請，為接下來的技術應用與專案開發奠定了堅實的基礎。各位應該已經完成了以下重要的步驟：

- 完成 Python 開發環境的安裝與設定，特別是 PyCharm 的配置與虛擬環境的管理，確保後續的開發流程更加順暢與穩定。

- 成功註冊並取得 OpenAI API 的金鑰，並透過簡單的範例程式確認 API 的連線與調用功能正常運作。
- 建立了 Mongo Atlas 的帳號並設定向量資料庫的 Cluster 與索引，為後續使用 RAG 技術進行語意檢索與資料處理做足了充分準備。

透過這個章節的實作，各位已經具備了基本的環境配置能力，並且能夠順利串接第三方 API 服務與雲端資料庫，為後續章節中更深入且複雜的操作奠定了必要的基礎。

若在操作過程中仍有任何疑問或操作上的困難，務必回頭檢視本章內容再次確認，或參考本書所提供的範例與說明。希望各位已經準備好迎接下一階段更豐富且具挑戰性的技術應用了！

Note

03

LangChain 操作教學：
從基礎到進階

3-1　**LangChain** 快速入門

3-2　**LangChain** 進階功能實作

3-3　**Mongo Atlas** 資料及向量的寫入與查詢

3-4　章節回顧

03 LangChain 操作教學：從基礎到進階

這個章節我們要正式踏入 LangChain 的世界！ LangChain 是當今最熱門的 LLM 開發框架之一，能協助我們快速串接大型語言模型（例如 OpenAI GPT 系列），以及整合各種外部工具與資料庫，輕鬆打造智慧化應用。

在本章的內容中，我們將從最基礎的環境設定開始，逐步帶領各位掌握如何使用 LangChain 串接 GPT 模型，並理解 LangChain 常見的訊息類型與對話結構。同時，我們也會介紹向量儲存（VectorStore）的重要概念與實務操作方式，說明如何透過 MongoDB 進行資料與向量的寫入與查詢，並且詳細解說什麼是 Document 與 Metadata，以及它們是如何幫助資料分類與檢索。

此外，我們將進一步探索 LangChain 的進階功能，例如如何透過內建工具自動生成資料庫查詢、設計複雜的鍊式操作（Chain），以及如何善用更進階的檢索策略，建立更高效、更精準的檢索系統。

透過本章的學習，各位不僅能夠理解 LangChain 的核心與進階功能，也能具備足夠的能力，為接下來更進階的 RAG 系統實作做好充分的準備。

學 | 習 | 目 | 標

* 掌握 LangChain 的基本觀念與 LLM 的串接
* 學習如何設計 Chain 並且運用 LangChain 提供的內建工具進行 RAG 系統的開發
* 學習如何使用 Mongo Atlas 來進行向量資料的儲存

3-1 LangChain 快速入門

> **Tips**
> 開始前請使用 "pip install python-dotenv langchain langchain-openai" 來安裝套件喔！

LangChain 設定 OpenAI API Key 的方式

要透過 LangChain 呼叫第三方廠商提供的 LLM 時，通常我們會需要設定一些 API Key，本書中主要以 OpenAI 提供的 GPT 系列來作為範例演練，你可以看到在上方安裝套件時，我們也是透過安裝 "langchain-openai" 這個套件來進行。

順帶一提，LangChain 在最新的版本當中，已經將各個外部廠商（例如：OpenAI、MongoDB）提供的服務，個別打包成獨立的套件，後續章節若有使用到其他服務的話會再告訴各位要如何進行安裝。

首先需要設定 OpenAI 提供的 API Key，在 LangChain 當中有兩種方式可以進行。通常，為了安全性考量，我們會將 API Key 設定在環境變數中，再透過 LangChain 或 os 這個 Python 內建的套件來進行讀取和使用。

前置步驟：將 API Key 儲存在環境變數

在你的專案根目錄底下建立一個 .env 檔案，並將從 OpenAI 取得的 API Key 存放在這個檔案中：

```
1.   OPENAI_API_KEY=< 你的 OpenAI API Key，詳見第二章節 >
```

03 LangChain 操作教學：從基礎到進階

方法一：直接設定進環境變數當中

可以看到在第 5 行程式碼當中，我們透過 "load_dotenv()" 這個函式將 ".env" 直接讀取進系統的環境變數當中，並且在第 8 行直接建立 ChatOpenAI 物件進行問答，LangChain 就會協助我們搜尋環境變數中的 KEY。請注意 Key 的名稱必須要與上方的前置步驟名稱一致，否則會跳出沒有 Key 的相關錯誤。

```
1.  from dotenv import load_dotenv
2.  from langchain_openai import ChatOpenAI
3.
4.  # 載入 .env 檔案內的環境變數
5.  load_dotenv()
6.
7.  # 建立模型物件，此時會自動讀取環境變數中的 API Key
8.  llm = ChatOpenAI(model_name="gpt-4o")
9.
10. # 進行簡單的模型調用測試
11. response = llm.invoke("你好，請簡短介紹一下 LangChain。")
12. print(response.content)
```

方法二：額外將 key 給予 ChatOpenAI 物件

第二種方式就是直接將每個 LLM 需要的 key 透過塞入 "api_key" 這個屬性當中來達成，下方的程式碼中的第 10 行，就是這個方式。

```
1.  from dotenv import load_dotenv
2.  from langchain_openai import ChatOpenAI
3.
4.  # 載入 .env 檔案內的環境變數
5.  load_dotenv()
6.
```

```
7.   # 建立模型物件，此時會自動讀取環境變數中的 API Key
8.   llm = ChatOpenAI(
9.       model_name="gpt-4o",
10.      api_key= os.getenv("OPENAI_API_KEY")
11.  )
12.
13.  # 進行簡單的模型調用測試
14.  response = llm.invoke(" 你好，請簡短介紹一下 LangChain。")
15.  print(response.content)
```

順利執行完成後，你應該要能從你的終端機看到類似下方的訊息：

> LangChain 是一個用於簡化構建基於語言模型應用的開源框架，提供豐富工具以整合各種語言模型和外部資料。

LangChain 中的 BaseChatModel 與 LLM 的串接

在 LangChain 中，如果要串接不同的語言模型（例如 GPT 系列），會使用到一個非常核心的抽象類別──BaseChatModel。以下我們會介紹這個抽象類別的作用，以及它與 ChatOpenAI 之間的關係，最後再說明如何使用 invoke() 方法與模型進行互動。

◢ 什麼是 BaseChatModel？

BaseChatModel 是一個抽象類別，在 LangChain 框架中被設計為所有聊天模型實作的基礎介面。透過定義共同的方法（例如："invoke()"），能夠讓不同廠商的聊天模型（如 OpenAI、Anthropic 等）在 LangChain 中擁有一致的使用方式。

以常用的 ChatOpenAI 為例，它便是繼承自 BaseChatModel，提供 OpenAI API 串接能力的一個具體實作。開發者使用 ChatOpenAI 時，可以透過一致且簡單的方式與 GPT 系列模型互動，而不需要額外處理太多底層的 API 細節。

簡單來說，BaseChatModel 是 LangChain 定義的「共通語言」，而 ChatOpenAI 則是此共通語言在 OpenAI 模型上的具體實現。

以下是類別繼承關係的簡易示意圖：

BaseChatModel（抽象基礎類別）

└── ChatOpenAI（具體實作 OpenAI 模型 API 的類別）

而如果要在 BaseChatModel 系列物件當中與各大 LLM API 進行溝通時，我們就可以透過調用 "invoke()" 這個方法，它能夠協助我們發送訊息給 LLM 並取得回應。這個方法設計上十分靈活，能夠接受多種類型的參數：

- 字串（str）
- 訊息列表（List[dict | tuple | BaseMessage]）
- 提示模板輸出的值（PromptValue）

以下將分別說明各個參數型態的用法：

■ 字串（str）

當直接使用字串時，LangChain 會自動將字串轉換為一個使用者訊息（HumanMessage，詳見下個小節），並直接送入模型進行處理，非常適合單一訊息的快速查詢。

範例程式碼：

```
1.  response = llm.invoke("LangChain 是什麼？")
2.  print(response.content)
```

■ 訊息列表（List[dict | tuple | BaseMessage]）

若需要較完整的訊息互動結構，你可以使用訊息列表（message list），訊息列表的每個元素可為：

- **dict**：具有明確定義角色（"system", "human", "ai"）和內容（content）的字典。
- **tuple**：使用（角色, 內容）的格式表示，如 ("human", " 問題內容 ")。
- **BaseMessage 物件**：直接使用 LangChain 提供的訊息物件，如 SystemMessage、HumanMessage、AIMessage 或 ToolMessage 等。

下面是一個將範例打包成 BeseMessage 物件的範例程式碼，下個小節我們會針對 BaseMessage 是什麼來做說明：

> **Tips**
> langchain_core 這個模組在安裝 langchain 的時候就會一併進行安裝，若沒有則再請手動使用 "pip install langchain-core" 來進行安裝喔！

```
1.  from langchain_core.messages import SystemMessage, HumanMessage
2.
3.  messages = [
4.      SystemMessage(content=" 你是一位幫助使用者解答 LangChain 問題的助理。"),
5.      HumanMessage(content="LangChain 與其他框架的不同之處？")
6.  ]
7.
8.  response = llm.invoke(messages)
9.  print(response.content)
```

■ 提示模板輸出的值（PromptValue）

LangChain 中常用提示模板（PromptTemplate）產生結構化的提示語，這些模板產生的輸出即稱為 PromptValue，可以直接送入 invoke() 方法。這樣的方式能夠大幅提升提示語設計的彈性與可維護性。

同樣，下方我們也先附上範例程式碼，後面我們會有一個小節來針對 ChatPromptTemplate 的使用方式來進行說明：

```
1.  from langchain_core.prompts import ChatPromptTemplate
2.
3.  prompt = ChatPromptTemplate.from_messages([
4.      ("system", "你是一位專業的 LangChain 技術顧問。"),
5.      ("human", "{question}")
6.  ])
7.
8.  # 將使用者問題放入提示模板產生 PromptValue
9.  prompt_value = prompt.invoke({"question": "如何使用
    LangChain 建立一個聊天機器人？"})
10.
11. # 使用 PromptValue 直接調用 invoke
12. response = llm.invoke(prompt_value)
13. print(response.content)
```

上述的程式碼當中，我們可以看到第 9 行，如果你使用 "print(prompt_value)" 印出這個數值的話，你應該可以看到類似下方的內容：

```
messages=[
    SystemMessage(content='你是一位專業的 LangChain 技術顧問。',
addition-al_kwargs={}, response_metadata={}),
    HumanMessage(content='如何使用 LangChain 建立一個聊天機器人？',
addi-tion-al_kwargs={}, response_metadata={})
]
```

可以看到我們成功的把兩個文字訊息轉換成 SystemMessage 以及 HumanMessage 物件，並且成功的將 HumanMessage 物件當中的 "{question}" 替換成我們在 "invoke" 時傳遞進去的內容。

如果你仔細看的話，你會發現它與第二種方式都會協助我們產生一個 "List[BaseMessage]" 型態的物件，差別只在於這種方法可以協助我們進行 Template 內容的更換，讓對話更加靈活。

透過以上三種方式的靈活使用，能有效滿足多種情境下的需求，並保持程式碼清晰易讀。

LangChain 中常見的 Message 類型與結構

在 LangChain 中，與語言模型互動時，會透過 BaseMessage 這個物件來組織對話內容。LangChain 中透過繼承 BaseMessage 定義了幾種內建的 Message 類型，分別是 SystemMessage、HumanMessage、AIMessage 以及 ToolMessage。每種訊息都有特定的用途與角色，開發者可透過這些訊息構成一個清晰且結構化的對話流程接下來我們分別說明這些訊息的用途與區別，以及在實際對話流程中會如何使用。

◢ SystemMessage

SystemMessage 用於在對話開始時設定模型的整體角色、情境或行為方式。通常只會在對話最開始時出現一次，用來確保模型遵循指定的指示或限制，甚至可以將 RAG 當中在檢索階段得到的參考段落一併放入，讓模型可以只針對這些參考資料來進行回答，大幅度降低幻覺，讓我們看一下下面的範例：

```
1.  from langchain_core.messages import SystemMessage
2.
3.  system_msg = SystemMessage(content="你是一個專業的軟體工程師，專門回答使用者有關 Python 程式設計的問題。")
```

◪ HumanMessage

HumanMessage 通常用來代表使用者所提出的問題或回覆內容。這是模型收到的主要輸入訊息類型，會明確表示使用者正在與模型互動，同樣我們也可以看一下下面這段範例：

```
1.  from langchain_core.messages import HumanMessage
2.
3.  human_msg = HumanMessage(content="請問如何使用 Python 讀取
    CSV 檔案？")
```

◪ AIMessage

AIMessage 代表模型回應給使用者的訊息，也就是語言模型生成的回答或回覆內容，這個 Message 通常都是由 ChatModel 在進行 invoke 之後所產生的，可以看到下面這段程式碼中的 "response" 參數，它的型態就是一個 AIMessage 的物件：

```
1.  from dotenv import load_dotenv
2.  from langchain_openai import ChatOpenAI
3.
4.  # 載入 .env 檔案內的環境變數
5.  load_dotenv()
6.
7.  # 建立模型物件，此時會自動讀取環境變數中的 API Key
8.  llm = ChatOpenAI(model_name="gpt-4o")
9.
10. # 進行簡單的模型調用測試
11. response = llm.invoke("你好，請簡短介紹一下 LangChain。")
12. print(response.content)
```

而在連續問答的狀況下，為了讓模型知道它過去回答了什麼，我們也會透過手動建立 AIMessage 的方式，把過去模型的回答放入這個物件當中，形成一個 List 透過 invoke 的方式來達到在連續問答的效果。

> **Tips**
> 由於歷史對話訊息都算入了每次呼叫 API 的 input token 數量內，因此需特別留意 token 數量限制，以免超過 API 規定而發生錯誤或額外成本。

透過將歷史對話以 HumanMessage 和 AIMessage 交替的方式疊加起來，我們可以實現連續問答（對話記憶）的效果。每次新增一組訊息時，將整個訊息列表作為輸入傳遞給 "invoke()" 方法，模型便能根據先前的對話內容繼續回答，讓我們看一下下面這段程式碼：

```
1.  from langchain_openai import ChatOpenAI
2.  from langchain_core.messages import SystemMessage, HumanMessage, AIMessage
3.  from dotenv import load_dotenv
4.  
5.  load_dotenv()
6.  
7.  llm = ChatOpenAI(model_name="gpt-4o")
8.  
9.  # 初始化訊息列表，加入系統提示
10. messages = [
11.     SystemMessage(content="你是一位專業的歷史老師，回答學生的問題時要盡可能簡短清晰。")
12. ]
13. 
14. # 第一次問答
15. messages.append(HumanMessage(content="第二次世界大戰是哪一年開始的？"))
```

```
16. response = llm.invoke(messages)
17. print(response.content)
18.
19. # 將 AI 回覆加入訊息列表
20. messages.append(AIMessage(content=response.content))
21.
22. # 第二次問答（模型會參考之前的訊息，達到連續問答的效果）
23. messages.append(HumanMessage(content="那是在哪一年結束的
    呢？"))
24. response = llm.invoke(messages)
25. print(response.content)
```

執行完後你應該可以看到如圖 3-1 的效果，可以看到在第 23 行的時候，我們傳入的問題並沒有提到「第二次世界大戰」相關的內容，而是直接接著提問「那是在哪一年結束的呢？」模型也可以正確的知道我們是想問「第二次世界大戰是在哪一年結束的」：

```
/Users/nickchen/Library/Caches/pypo
第二次世界大戰於1939年開始。
第二次世界大戰於1945年結束。

Process finished with exit code 0
```

圖 3-1　AIMessage 連續問答範例

◾ ToolMessage

ToolMessage 是在模型呼叫外部工具（Function Call 或 Tool）後，工具回傳結果給模型時所使用的訊息。通常用於補足模型本身能力無法直接提供的額外資訊，下面我們透過一個簡單的範例，來模擬一個 Function Call 的情境。

首先，我們透過 langchain_core.tools 中的 tool 物件來建立一個可以被呼叫的 Tool：

這個 Tool 可以接收一個 city 的參數，用來表達想要帶入的城市名稱，並且回傳一個固定的字串作為這個 Tool 的 ToolMessage。

```
1.  from langchain_core.tools import tool
2.
3.  @tool
4.  def get_current_weather(city:str) → str:
5.      """
6.      查詢指定城市的即時天氣資訊。
7.      """
8.      # 實務上此處可能會呼叫外部 API，這裡僅為示意
9.      return f"{city} 的目前氣溫為 25°C，天氣晴朗。"
```

接著我們要來撰寫可以用來呼叫這個 Tool 的程式：

可以看到在第 12 行的時候，我們透過 "bind_tools" 的方式來將我們的 tool 綁定進去 ChatOpenAI 當中，這個時候在做第一次提問時，GPT 就知道我們有一個 Tool 可以使用。

而在第 25 行的時後，我們透過檢查 AIMessage 底下的 tool_calls 這個屬性是否是空的，如果是空的，表示 GPT 認為不需要調用任何的 Tool 就可以直接回答，反之，則表示它需要進行 Tool 的調用，就會進到 26～40 行的流程當中。

```
1.  from pprint import pprint
2.  from langchain_openai import ChatOpenAI
3.  from langchain_core.messages import SystemMessage,
    HumanMessage, AIMessage, ToolMessage
4.  from dotenv import load_dotenv
5.
6.
7.  load_dotenv()
8.
```

```
9.  llm = ChatOpenAI(model_name="gpt-4o")
10.
11. # 透過 bind 將工具綁定到模型
12. llm_with_tools = llm.bind_tools([get_current_weather])
13.
14. # 初始化訊息
15. messages = [
16.     SystemMessage(content="你是一個能夠查詢即時天氣資訊的助理。"),
17.     HumanMessage(content="請問台北現在的天氣如何？")
18. ]
19.
20. # 首次呼叫模型，取得工具調用指示
21. response = llm_with_tools.invoke(messages)
22. pprint(response.tool_calls)
23.
24. # 檢查模型是否要求工具調用（tool_calls）
25. if response.tool_calls:
26.     tool_call = response.tool_calls[0]  # 取得第一個工具調用資訊
27.
28.     # 執行工具函式取得結果
29.     weather_result = get_current_weather.invoke(
30.         input=tool_call.get("args")
31.     )
32.
33.     # 將 AIMessage（含 tool_calls）與工具回應（ToolMessage）加入歷史訊息
34.     messages.append(AIMessage(content="", tool_calls=[tool_call]))
35.     messages.append(ToolMessage(content=weather_result, tool_call_id=tool_call["id"]))
```

```
36.     messages.append(HumanMessage(content=" 請問台北現在的
   天氣如何？"))
37.
38.     # 再次調用模型，取得根據工具結果產生的完整回覆
39.     final_response = llm_with_tools.invoke(messages)
40.     print(final_response.content)
41. else:
42.     print(response.content)
```

在 22 行可以看到，我們試著將 tool_calls 中的內容印出，印出後應該會得到下方的訊息：

```
[{ 'args' : { 'city' : 'Taipei' },
  'id' : 'call_Y18FajWgSXiaYi7AGYjrPaDq',
  'name' : 'get_current_weather',
  'type' : 'tool_call' }]
```

這個訊息中呈現了 GPT 認為應該要調用的 Tool 的清單，每個要被調用的 Tool 當中都一定會有 args、id 以及 name 這三個參數，其中第一個表示調用這個 Tool 會需要使用到的參數（如：city），我們可以直接把參數透過第 30 行的方式傳遞進去 Tool 當中。

而 id 則是由 GPT 自動產生的，至於最後的 name 則是用於辨別要調用哪個 Tool，當今天你有多個 Tool 的時候，就可以依靠這個參數來辨別你想使用哪個 Tool，執行完這段程式後，你應該可以得到與下面這段輸出類似的訊息：

```
台北目前天氣晴朗，氣溫為 25°C。
```

在進入下個小節前讓我們透過表 3-1 來整理一下這四個種類的 Message 的用途：

表 3-1　Message 種類彙整

訊息類型	用途與角色	由使用者產生	由模型產生	出現頻率與位置
SystemMessage	設定模型角色、任務或情境	✓	✗	通常僅於對話開始出現一次
HumanMessage	使用者提出的問題或輸入訊息	✓	✗	頻繁，與 AIMessage 交替出現
AIMessage	模型生成的回答內容	✗	✓	頻繁，與 HumanMessage 交替出現
ToolMessage	工具回傳給模型的訊息或資訊	✗	✗（工具產生）	視需求可能多次出現

另外一般而言，訊息會依照下面這個順序出現：

SystemMessage → HumanMessage → AIMessage →（ToolMessage（可以多個））→ HumanMessage →⋯，若不符合這個順序，LangChain 會跳出錯誤訊息並且停止你的程式。

```
1.  messages = [
2.      SystemMessage(content="你是專業的財務分析師，協助使用者查
    詢公司營收資料。"),
3.      HumanMessage(content="請問 2024 年 3 月的公司營收是多少？"),
4.      AIMessage(content="", tool_calls=[{ "id" : "12345" ,
    "function" : "query_revenue" , "arguments" : { "month" :
    "2024-03" }}]),
5.      ToolMessage(content="公司 2024 年 3 月營收為 100 萬美元。",
    tool_call_id="12345"),
6.      HumanMessage(content="請問 2024 年 3 月的公司營收是多少？"),
```

```
 7.  ]
 8.
 9.  response = llm.invoke(messages)
10.  print(response.content)
```

讓我們快速針對上面這段程式碼來做說明：

- SystemMessage 設定模型的角色。

- HumanMessage 代表使用者詢問營收數據。

- AIMessage 這裡示意模型發出呼叫工具的請求（此處簡略表示，實務上會透過模型的 tool_calls 屬性來取得）。

- ToolMessage 表示工具執行後，將資料回傳給模型。

- 在再次呼叫模型之前，重新建立一次 HumanMessage 來將問題再度傳入一次，確保順序正確。

- 將所有 Message 傳遞給 "invoke()" 方法產生對使用者問題的完整回答。

透過以上訊息類型的清楚劃分與說明，我們可以更有效且靈活地使用 LangChain 進行模型互動與對話管理。

LangChain 中的 PromptTemplate

在使用大型語言模型（LLM）建立應用程式時，Prompt（提示語）設計扮演著重要的角色。有效的 Prompt 能提高 LLM 回答的品質與相關性。然而，直接使用字串來管理提示語，可能會遇到維護不易、缺乏彈性的問題。為此，LangChain 提供了 PromptTemplate 這個工具，讓我們能夠更系統且結構化地設計與管理 Prompt。

◪ PromptTemplate 的概念與用途

PromptTemplate 是 LangChain 中專為提示語（Prompt）設計所建立的模板工具，允許開發者動態替換提示語中的變數，並提供以下好處：

- **易於維護**：清晰管理提示語架構，便於後續修改。
- **重複利用**：設計模板可重複用於不同情境。
- **靈活變數替換**：透過模板變數實現動態且靈活的提示內容。

◪ 基本 PromptTemplate 使用範例

讓我們以一個簡單的範例說明如何建立與使用 PromptTemplate：

```
1.  from langchain_core.prompts import PromptTemplate
2.
3.  # 建立 Prompt 模板，透過 { 變數名稱 } 來標示動態變數
4.  prompt = PromptTemplate.from_template("請簡單說明一下什麼是 {concept}?")
5.
6.  # 透過 format 方法動態產生提示語
7.  final_prompt = prompt.format(concept="向量資料庫")
8.  print(final_prompt)
```

執行完後，透過第 8 行的 "print" 我們可以得到「請簡單說明一下什麼是向量資料庫？」這個結果。透過上述範例，我們可以瞭解如何以結構化方式設計 Prompt 模板，並且在使用時靈活調整提示內容。

◨ ChatPromptTemplate：適合對話式應用的 Prompt 設計

若需要進行對話式互動設計，LangChain 另外提供了專門的 ChatPromptTemplate，允許我們以明確的訊息類型（如 SystemMessage、HumanMessage）結構化設計模板，更清楚地區分系統提示與使用者提問，並且用來串接完整的問答流程。以下是一個簡單的範例：

```
1.  from langchain_core.prompts import ChatPromptTemplate
2.
3.  # 建立適合對話場景的 ChatPromptTemplate
4.  chat_prompt = ChatPromptTemplate.from_messages([
5.      ("system", "你是一位專業的 AI 技術顧問。"),
6.      ("human", "什麼是 {concept}?"),
7.  ])
8.
9.  # 填入動態變數
10. prompt_value = chat_prompt.invoke({"concept": "PromptTemplate"})
11. print(prompt_value)
```

最後我們再幫各位複習一次，透過 ChatPromptTemplate 串接 ChatOpenAI 這個模型物件來進行問答的方式：

```
1.  from langchain_openai import ChatOpenAI
2.  from langchain_core.prompts import ChatPromptTemplate
3.  from dotenv import load_dotenv
4.
5.  load_dotenv()
6.
7.  # 初始化 LLM 物件
8.  llm = ChatOpenAI(model_name="gpt-4o")
9.
```

```
10. # 設計動態 Prompt 模板
11. chat_prompt = ChatPromptTemplate.from_messages([
12.     ("system", "你是一位協助使用者解決技術問題的 AI 助理。"),
13.     ("human", "{question}"),
14. ])
15.
16. # 動態產生 PromptValue 並呼叫 LLM
17. prompt_value = chat_prompt.invoke({"question": "什麼是
    PromptTemplate，有什麼用途？"})
18. response = llm.invoke(prompt_value)
19.
20. print(response.content)
```

這個時候我們再回頭來看，應該要可以理解什麼是 Message 以及為何要區分 System 以及 Human 等不同種類的 Message 了！

◢ PromptTemplate 結合 RAG 系統與 SystemMessage 應用

在進入下個章節前，我們來提一下，通常在建立 RAG 系統時，該如何利用 PromptTemplate 以及不同種類的 Message。

在實務上建立 RAG（檢索增強生成）系統時，PromptTemplate 能有效地將檢索到的參考資料，透過模板設定到 SystemMessage 當中，明確地要求模型根據提供的資料生成回答，以避免模型產生幻覺。

讓我們用一段簡單的程式來呈現該如何動態的抽換 SystemMessage 當中的知識內容：

```
1. from langchain_openai import ChatOpenAI
2. from langchain_core.prompts import ChatPromptTemplate
3. from dotenv import load_dotenv
4.
```

```
5.  load_dotenv()
6.
7.  # 建立 LLM 物件
8.  llm = ChatOpenAI(model_name="gpt-4o")
9.
10. # 假設以下為從知識庫中檢索的參考資料
11. retrieved_context = """
12. 1. 向量資料庫(Vector Database)是一種專用於儲存和檢索向量化資料的資料庫，能快速進行語義檢索。
13. 2. LangChain 是一個開源框架，能快速串接語言模型與外部工具。
14. """
15.
16. # 將檢索到的資料透過 Prompt 模板設定至 SystemMessage
17. rag_prompt = ChatPromptTemplate.from_messages([
18.     ("system", "請根據以下參考資料回答使用者的問題，若資料不足請回覆「參考資料不足，無法回答」:\n\n{context}"),
19.     ("human", "{question}")
20. ])
21.
22. # 動態產生 PromptValue 並與 LLM 整合使用
23. prompt_value = rag_prompt.invoke({
24.     "context": retrieved_context,
25.     "question": "什麼是向量資料庫？"
26. })
27.
28. # 呼叫模型取得回應
29. response = llm.invoke(prompt_value)
30.
31. print(response.content)
```

上述操作範例能有效地指導模型嚴格依據提供的資料回答問題，若資料不足時也能避免模型產生錯誤或不必要的回答。

LangChain 中的 VectorStore 與 InMemoryVectorStore

在 RAG（Retrieval-Augmented Generation）系統中，向量資料庫（VectorStore）是非常關鍵的元件，它用於儲存與快速檢索向量化（Embedding）的文本內容。LangChain 提供了豐富且便捷的 VectorStore 介面，幫助開發者輕鬆串接與操作不同種類的向量資料庫。

在這個小節當中，我們將說明什麼是 LangChain 的 VectorStore 以及如何使用內建的 InMemoryVectorStore 來進行實務操作與測試。

◾ 什麼是 VectorStore？

向量資料庫（VectorStore）是一種專門用來存取向量化資料的儲存系統，常用於語意搜尋、相似度搜尋等應用中。在 RAG 架構中，通常會將文本資料透過 Embedding 模型轉換為向量後儲存在 VectorStore 中，方便後續的語意檢索。

LangChain 提供了 VectorStore 的抽象介面，開發者可輕鬆整合多種外部向量資料庫，例如：

- MongoDB Atlas（使用 MongoDBAtlasVectorSearch）
- Pinecone
- FAISS
- Chroma

而在進行初期測試或原型驗證時，LangChain 更提供了內建的記憶體向量儲存工具——InMemoryVectorStore。

◪ 使用 InMemoryVectorStore 進行快速原型測試

InMemoryVectorStore 是 LangChain 內建的向量儲存工具，特別適合用於快速原型開發或小規模測試場景，無需架設額外資料庫系統即可快速測試與操作。要特別注意的是，由於它是 InMemory 型態的資料庫，因此程式碼結束後，並不會留存資料，如果需要把資料進行持久化，就必須用到剛剛提到的一些可以儲存向量資料的資料庫來進行。

下面我們用 InMemoryVectorStore 來實作一個簡單的範例：

```
1.  from langchain_openai import OpenAIEmbeddings
2.  from langchain_core.vectorstores import InMemoryVectorStore
3.  from dotenv import load_dotenv
4.  
5.  load_dotenv()
6.  
7.  # 建立 Embedding 模型 ( 使用 OpenAI )
8.  embeddings = OpenAIEmbeddings(model="text-embedding-3-small")
9.  
10. # 要儲存的文本資料
11. documents = [
12.     "LangChain 是一個快速串接語言模型與外部工具的開源框架。",
13.     " 向量資料庫專門用於存取和檢索向量化資料，可實現語義搜尋。",
14.     "RAG 結合檢索與生成能力，提供有根據的即時回答。"
15. ]
16. 
17. # 建立 InMemoryVectorStore 物件並將文件與其 Embedding 加入儲存
18. vector_store = InMemoryVectorStore.from_texts(documents, embeddings)
```

我們可以看到，在上面這段程式碼當中的第 8 行，我們透過建立 OpenAIEmbeddings 這個物件並且在第 18 行的時候一併將這個物件傳遞給 InMemoryVectorStore 來告訴它，我們要使用的向量模型是 OpenAI 中的「text-embedding-3-small」，接著我們來看一下要怎麼樣進行查詢。

```
19. # 使用 similarity_search 進行相似度搜尋
20. query = "什麼是向量資料庫？"
21. search_result = vector_store.similarity_search(query,
    k=1)
22.
23. # 顯示搜尋結果
24. for doc in search_result:
25.     print(doc.page_content)
```

我們繼續編寫同一份程式，可以看到 VectorStore 這個物件當中，都有實作了 "similarity_search" 這個函式，不論你是用哪一種 VectorStore，在 LangChain 當中，只需要呼叫這個函式，就可以開始對向量資料庫進行查詢，而查詢出來的結果會是一個 "List[Document]" 的型態，下一個小節我們會提到什麼是 Document，這邊先讓我們看看執行完這段程式碼後應該要印出下面這個結果：

> 向量資料庫專門用於存取和檢索向量化資料，可實現語義搜尋。

💡 Tips

在使用 InMemoryVectorStore 進行搜尋時，會需要使用到 numpy 這個套件，若系統跳出尚未安裝，請使用 "pip install numpy" 進行安裝即可。

從以上範例可清楚看到，透過 InMemoryVectorStore，我們可以輕鬆且快速地進行語意檢索測試與驗證。

LangChain 中的 Document 與 Metadata

在上一個章節當中，我們已經了解了如何使用 LangChain 提供的 VectorStore 與 InMemoryVectorStore 來有效儲存並檢索向量化的文本資料。然而，在實務上處理文本資料時，除了文本本身的內容外，我們往往還需要附加額外資訊，幫助我們更好地組織、分類，甚至有效提升後續檢索的效率與準確性。這正是 LangChain 中的 Document 與 Metadata 物件發揮作用的地方。

一個典型的 Document 物件包含以下兩個重要的屬性：

- **page_content**：儲存文本本身的內容（如文章、段落、文件片段）。
- **metadata**：以字典形式儲存文本內容的相關附加資訊（如文件來源、作者、日期、頁碼、分類標籤等等）。

◢ Metadata 的用途與重要性

Metadata 是一種附加於文本之上的資訊，能夠有效幫助我們在儲存與檢索階段，進一步分類與篩選資料，提升系統的效率與準確性。常見的 Metadata 包含：

- 文件來源或標題
- 作者資訊
- 文件建立日期或更新時間
- 文件分類標籤
- 頁碼或章節資訊等

特別是在 RAG 系統中，Metadata 可用於向量資料庫查詢時的過濾（filtering），大幅提升檢索的相關性與精準度。

使用 LangChain 的 Document 與 Metadata 實務範例

以下我們透過一個實務範例,示範如何透過 LangChain 中的 Document 物件與其 Metadata 屬性,而向量資料庫的部分則是搭配 InMemoryVectorStore 使用:

```
1.  from langchain_openai import OpenAIEmbeddings
2.  from langchain.schema import Document
3.  from langchain.vectorstores import InMemoryVectorStore
4.  from dotenv import load_dotenv
5.
6.  load_dotenv()
7.
8.  # 初始化 Embedding 模型
9.  embeddings = OpenAIEmbeddings(model="text-embedding-3-small")
10.
11. # 建立含有 Metadata 的 Document 物件
12. documents = [
13.     Document(
14.         page_content="LangChain 是一個專為串接 LLM 與外部工具而設計的開源框架。",
15.         metadata={"source": "官方文件", "author": "LangChain 開發團隊", "date": "2024-05-10"}
16.     ),
17.     Document(
18.         page_content="向量資料庫可快速進行語意搜尋,提升 RAG 系統的效率。",
19.         metadata={"source": "技術部落格", "author": "技術達人", "date": "2024-04-15"}
20.     ),
21.     Document(
```

```
22.         page_content=" 透過 Metadata 的篩選，能有效提升資料檢索
    的精準度。",
23.         metadata={"source": " 白皮書 ", "author": "AI 研究團
    隊 ", "date": "2024-03-01"}
24.     ),
25. ]
26.
27. # 將 Document 與 Embedding 向量化後儲存在 InMemoryVectorStore
28. vector_store = InMemoryVectorStore.from_
    documents(documents, embeddings)
```

可以看到在程式碼當中的第 12 ～ 25 行當中，我們手動建立了一些 Document，這些 Document 當中，都有將一段簡單的描述設定給 page_content 這個屬性並且在 metadata 當中都有簡單打了一些資料。

而在第 28 行的時候，有別於之前使用 "from_texts" 這個方法，我們改為使用 "from_documents" 來進行資料的寫入，接著讓我們繼續示範該如何搭配 metadata 來進行搜尋。

> **Tips**
>
> 每種 VectorStore 的 metadata 查詢語法不同，記得可以去 LangChain 官方網站或是該向量資料庫的官方網站閱讀對應的文件喔！

```
29. # 使用 Metadata 進行過濾後的語意檢索
30. query = " 什麼是 LangChain ？"
31. filter_criteria = {"source": " 官方文件 "}    # 限定來源為「官方
    文件」的資料
32.
33. # 執行含有 Metadata 過濾條件的搜尋
34. filtered_results = vector_store.similarity_search(query,
    k=1, filter=filter_criteria)
```

```
35.
36. # 顯示搜尋結果
37. for doc in filtered_results:
38.     print(f"內容：{doc.page_content}")
39.     print(f"來源：{doc.metadata['source']}")
40.     print(f"作者：{doc.metadata['author']}")
41.     print(f"日期：{doc.metadata['date']}")
```

可以看到在第 31 行的時候，我們寫了一些過濾條件，並且在第 34 行的時候一並搭配問題向量一起進行搜尋，在執行上面這段程式後，應該會得到以下結果：

```
內容：LangChain 是一個專為串接 LLM 與外部工具而設計的開源框架。
來源：官方文件
作者：LangChain 開發團隊
日期：2024-05-10
```

Document 與 Metadata 在實務 RAG 系統中的角色與優勢

在實務的 RAG 應用中，透過 LangChain 的 Document 與 Metadata：

- **有效管理大量文本資料**：清晰的 Metadata 標示，能夠幫助開發者與系統快速定位特定的資料範圍。

- **提升檢索效率與精準度**：Metadata 可作為篩選條件，確保系統只檢索與問題高度相關的資料。

- **提高 RAG 系統生成品質**：透過更精準的檢索結果，幫助語言模型生成更貼切且準確的回答，降低幻覺發生機率。

在這個章節當中，我們快速介紹了一些有關 LangChain 的基本物件以及其操作方式，下一個章節我們會介紹一些在 LangChain 當中的進階用法！

3-2 LangChain 進階功能實作

鍊式操作（Chain）進階應用

在 LangChain 當中，Chain（鍊式操作）是一個核心且重要的概念。透過 Chain，我們能夠將數個獨立的步驟或功能串接起來，組合成一個完整且複雜的任務流程。在本節中，我們簡單說明一下 Chain 的概念，並介紹一些實際的應用範例。

回顧一下 Chain 的基本概念：在 LangChain 中，Chain 由多個獨立的元件（如 PromptTemplate、LLM、工具或自訂函式）組合而成。每個元件負責完成特定的步驟或功能，並將結果傳遞給下一個步驟，形成一個連續且完整的流程。Chain 的應用重點包括：

- 組合多個元件成為更具彈性的 Chain
- 處理動態參數傳遞與資料流轉
- Chain 的錯誤處理與除錯技巧

我們首先透過一個範例，實作 Sequential Chain（順序執行的複合式 Chain），假設我們想要建立一個兩步驟的 Chain：

1. 讓 LLM 產生一個適合搜尋的關鍵字。
2. 使用產生的關鍵字呼叫外部 API 或資料庫查詢取得相關資料。

實務範例如下：

```
1.  from langchain_openai import ChatOpenAI
2.  from langchain_core.prompts import ChatPromptTemplate
```

```
3.  from langchain.schema.runnable import RunnablePassthrough,
    RunnableLambda
4.  from dotenv import load_dotenv
5.
6.  load_dotenv()
7.
8.  # 建立 LLM 模型
9.  llm = ChatOpenAI(model_name="gpt-4o")
10.
11. # Step 1: 生成關鍵字
12. keyword_prompt = ChatPromptTemplate.from_template("請產生
    一個適合用於搜尋的關鍵字，關於：「{input}」")
13. keyword_chain = keyword_prompt | llm
14.
15. # Step 2: 根據關鍵字進行搜尋
16. search_prompt = ChatPromptTemplate.from_template("根據這個
    關鍵字「{keyword}」，簡短說明相關資訊。")
17. search_chain = search_prompt | llm
18.
19. # 組合成 Sequential Chain (RunnableSequence)，正確使用
    RunnableLambda 進行資料轉換
20. chain = (
21.     {"keyword": keyword_chain, "input":
    RunnablePassthrough()}
22.     | RunnableLambda(lambda x: {"keyword": x["keyword"].
    content, "input": x["input"]})
23.     | search_prompt
24.     | llm
25. )
26.
27. # 執行 Chain 並顯示結果
28. input_text = "什麼是 RAG 系統？"
29. result = chain.invoke(input_text)
```

```
30.
31. print("🔑 關鍵字:", keyword_chain.invoke({"input": input_
    text}).content)
32. print("🔍 搜尋結果:", result.content)
```

上述這段程式碼分別在 12～13 以及 16～17 建立了兩個小 Chain，接著在 20～25 行的時候，將兩個 Chain 包裝起來，最後在第 29 行的時候透過 invoke 一起執行。它的運作邏輯是逐行執行，並且把每個小流程的結果往後傳，而每個各別的流程則透過 "|" 來做區隔。

這個範例的執行結果可能如下：

> 🔑 關鍵字:「RAG 系統解釋」
> 🔍 搜尋結果: RAG 系統是指「檢索 - 增強型生成」(Retrieval-Augmented Generation) 的系統架構，通常應用於自然語言處理和生成任務。這種系統結合了信息檢索和生成模型 (如 GPT 或 BERT) 兩者的優勢。具體來說，RAG 系統首先會基於用戶的查詢從外部數據庫或知識庫中檢索相關資訊，然後使用生成模型來生成更豐富和上下文相關的回答或文本。這樣可以提高生成文本的準確性和資訊量，特別是在需要精準和詳細資訊的情況下。

接著我們來設想一個情境，如果我們會需要根據使用者輸入的內容，動態地決定應該呼叫哪一個 Chain。此時可以使用 RunnableBranch 來達到這個目的：

- RunnableBranch 透過模型判斷輸入問題的類型
- 根據判斷結果，動態選擇不同的 Chain 處理任務

此範例會自動判斷問題屬於哪個類型，並呼叫最合適的 Chain 進行回答。

```
1. from langchain_openai import ChatOpenAI
2. from langchain_core.prompts import ChatPromptTemplate
3. from langchain_core.runnables import RunnableBranch,
   RunnableLambda
```

```
4.  from langchain_core.output_parsers import StrOutputParser
5.  from dotenv import load_dotenv
6.
7.  load_dotenv()
8.
9.  llm = ChatOpenAI(model_name="gpt-4o")
10.
11. # 定義各種任務的提示模板
12. rag_template = ChatPromptTemplate.from_template("解釋一下什麼是{input}?")
13. general_template = ChatPromptTemplate.from_template("請回答一般問題:{input}")
14.
15. # 定義不同任務的 chain
16. rag_chain = rag_template | llm | StrOutputParser()
17. general_chain = general_template | llm | StrOutputParser()
18.
19. # 使用 RunnableBranch 進行條件式路由
20. def route_condition(input_text):
21.     if "RAG" in input_text or "rag" in input_text.upper():
22.         return "rag_chain"
23.     else:
24.         return "general_chain"
25.
26. branch = RunnableBranch(
27.     (lambda x: route_condition(x["input"]) == "rag_chain", rag_chain),
28.     (lambda x: route_condition(x["input"]) == "general_chain", general_chain),
29.     general_chain  # 預設 Chain
30. )
31.
32. # 呼叫 RunnableBranch 進行測試
```

```
33. result = branch.invoke({"input": "RAG系統的用途是什麼?"})
34. print(result)
```

在上述程式碼當中,我們使用了最新版 LangChain 提供的 RunnableBranch 來動態選擇不同的 Chain 進行回應。首先,我們在第 12～13 行定義了兩個不同的提示模板(PromptTemplate),並在第 16～17 行各自串接了語言模型(LLM)與 StrOutputParser,形成兩個獨立的 Chain(rag_chain 與 general_chain)。

接著,在第 20～24 行透過一個自訂函式 route_condition(),根據使用者輸入的內容,動態判斷要使用哪一個 Chain。如果輸入文字中包含關鍵字「RAG」,則使用專門處理 RAG 相關問題的 rag_chain;若不包含,則改用處理一般問題的 general_chain。在第 26～30 行,我們透過 RunnableBranch 將這個判斷函式串接起來,動態選擇並執行適合的 Chain,最後於第 33～34 行呼叫並執行此動態 Chain,取得並印出回應結果。

印出來的結果,應該會呈現類似如下的訊息:

> RAG 系統通常指的是檢索增強生成(Retrieval-Augmented Generation)的系統。這是一種結合資訊檢索和自然語言生成的方法,主要用途是提升生成式 AI 的準確性和內容相關性。以下是 RAG 系統的主要用途:
>
> 1. **增強內容生成:** 在生成答案或內容時,系統可以先檢索相關的現有資料或文檔,以確保生成的內容具有高可信度和更具體的細節。這有助於減少生成錯誤資訊的風險。
>
> 2. **回答問題:** 在問答系統中,RAG 系統能夠檢索大型資料庫以獲取最相關的內容進行回應,這使得其在回答特定問題時更為準確和具體。
>
> 3. **資料補充:** 當要求生成的內容需要引用具體資料或現實世界的資訊時,RAG 系統可以檢索並納入最新的資訊,以保持內容的時效性和準確性。

> 4. **用於個性化：** RAG 系統可以根據用戶的歷史記錄或個人偏好來檢索相關資料，從而生成更具個性化的內容，提供更符合用戶需求和興趣的回應。
>
> 5. **效率提升：** 通過結合檢索系統，RAG 模型能快速獲取並生成所需答案，相較於僅依賴大型生成模型會更為高效，且能大幅降低生成模型的計算負擔。
>
> 這些特性使得 RAG 系統非常適合用於需要高準確性資訊的應用，如智慧客服、專業領域的資訊查詢、以及其他需要動態文本生成的情景。

透過這種方式，我們可以靈活且自動地根據使用者的不同輸入，快速且準確地選擇最合適的回應策略，大幅提升系統的互動品質與使用者體驗。

LangChain 內建的 RAG Chain 實作

在前面的章節當中，我們已經了解 RAG（Retrieval-Augmented Generation）系統結合了檢索與生成兩個重要階段，幫助模型有效降低幻覺問題並提供有根據的答案。在實作 RAG 系統時，LangChain 特別提供了一個內建的 Chain：RetrievalQA，讓我們能輕鬆且快速地將檢索與生成串接成一個完整的問答流程。

接下來，我們會使用 LangChain 內建的 RetrievalQA 搭配 InMemoryVectorStore 來進行快速的 RAG 範例實作。

```
1.  from langchain_openai import ChatOpenAI, OpenAIEmbeddings
2.  from langchain_core.vectorstores import
    InMemoryVectorStore
3.  from langchain.text_splitter import
    RecursiveCharacterTextSplitter
4.  from langchain.chains import RetrievalQA
5.  from dotenv import load_dotenv
6.
```

```
7.  load_dotenv()
8.
9.  # 建立 LLM 與 Embedding 模型
10. llm = ChatOpenAI(model="gpt-4o")
11. embeddings = OpenAIEmbeddings(model="text-embedding-3-small")
12.
13. # 範例文本資料（實務上可以替換成更大、更複雜的文件）
14. texts = [
15.     "LangChain 是一個專為串接語言模型（LLM）與外部工具而設計的開源框架。",
16.     "RAG 系統將檢索與生成結合，有效提升答案的準確性。",
17.     "向量資料庫（VectorStore）能有效地儲存與檢索向量化的文本資料。",
18.     "檢索增強生成（RAG）透過檢索外部資料庫資料提供即時參考內容，以降低模型生成錯誤資訊的可能性。"
19. ]
20. # 寫入向量
21. vectorstore = InMemoryVectorStore.from_texts(texts, embeddings)
22.
23. # 使用內建的 RetrievalQA Chain 建立 RAG 系統
24. rag_chain = RetrievalQA.from_chain_type(
25.     llm=llm,
26.     retriever=vectorstore.as_retriever(),
27.     chain_type="stuff",  # 也可以使用 map_reduce、refine、map_rerank 等策略
28.     return_source_documents=True
29. )
30.
31. # 執行查詢並顯示結果
32. query = "什麼是 RAG 系統？"
33. result = rag_chain.invoke({"query": query})
```

```
34.
35. # 顯示回答內容與來源參考段落
36. print("📌 回答內容:", result["result"])
37. print("\n📑 檢索來源參考段落:")
38. for doc in result["source_documents"]:
39.     print("-", doc.page_content)
```

在上面的這段程式當中,我們在第 23 ～ 29 行的地方建立內建 RetrievalQA Chain,並且指定 chain_type 為 stuff,這個 chain_type 會直接把所有檢索到的內容塞入提示詞中,作為生成答案的依據。LangChain 在內部已經提供了一個合理的 Prompt,內容大致如下(中文翻譯):

> 「使用以下提供的文件內容,回答使用者的問題。若答案無法從內容中獲得,則回覆『我不知道』。」

執行上述程式後,你會看到類似如下的結果:

> 📌 回答內容:RAG 系統(Retrieval-Augmented Generation)是一種結合檢索與生成的系統架構,透過即時從外部資料庫檢索參考內容,降低模型生成錯誤資訊的可能性,有效提升回答的準確性。
>
> 📑 檢索來源參考段落:
> - RAG 系統將檢索與生成結合,有效提升答案的準確性。
> - 檢索增強生成(RAG)透過檢索外部資料庫資料提供即時參考內容,以降低模型生成錯誤資訊的可能性。

當然,我們也可以把內建的 RetrievalQA 抽換成使用 "|" 來進行 Chain 的建立,讓我們快速看一下下面這段內容:

```
1. from langchain_core.prompts import ChatPromptTemplate
2.
3. # 定義提示模板
```

```
4.  prompt = ChatPromptTemplate.from_template("""
5.  你是一個問答任務的助手。請使用以下檢索到的內容來回答問題。
6.  如果你不知道答案，請直接說你不知道。請保持回答簡潔，最多三句話。
7.
8.  問題：{question}
9.  內容：{context}
10. 回答：
11. """)
12.
13. # 使用 Runnable 語法串接 retriever, prompt 與 LLM 形成完整 RAG Chain
14. rag_chain = (
15.     {"context": retriever, "question": RunnablePassthrough()}
16.     | prompt
17.     | llm
18.     | StrOutputParser()
19. )
```

上述程式範例使用了最新版 LangChain 的 Runnable 語法，以 | 運算子明確串接資料流動方向，使得程式結構更加直覺且易於維護。其中 RunnablePassthrough() 負責保留原始的使用者輸入（問題），同時 Retriever 根據這個問題自動檢索相關文本，並作為 context 傳入 Prompt 模板。

最後再由 Prompt 將問題與檢索內容組合後，交給 LLM 產生答案，並透過 StrOutputParser() 將答案轉成易讀的文字格式。這種寫法不僅提升程式的可讀性，也符合 LangChain 新版推薦的設計方式，適合直接作為書籍中推薦的範例。

Agent 概念與實務應用

在前面的章節中,我們學習到 Chain(鍊式操作)可以將多個步驟串接起來,處理固定而清楚定義的任務流程。然而,在某些情境下,我們需要更具備自主性且能夠動態決策的機制。此時,LangChain 提供的 Agent(代理)就是一個強大且靈活的工具。

簡單來說,Agent 是一個具有自主決策能力的架構,它能夠根據使用者的輸入問題動態地選擇與調用適當的工具(Tools)或 Chain,來完成複雜且開放性的任務。在 LangChain 當中,Agent 通常與以下三個核心元件密切相關:

- **LLM(語言模型)**:Agent 透過 LLM 理解任務需求並做出決策。
- **Tool(工具)**:特定任務的小型函式或外部 API,供 Agent 隨時調用。
- **Chain(鏈式操作)**:固定步驟的串聯,可供 Agent 選擇使用。

讓我們透過表 3-2 快速來針對 Agent 與 Chain、Tool 之間做個比較:

表 3-2　Chain、Tool 以及 Agent 的比較

類型	功能特性	適合的情境	靈活性
Chain	固定步驟與流程	明確定義的任務(如問答、摘要)	較低
Tool	專一功能(如數據庫查詢、API 呼叫)	提供單一功能的小型任務	中等
Agent	動態決策、自主調用 Chain 與 Tool	複雜且開放性高的任務	最高

由此可見,Agent 具備最高的靈活性與自主性,非常適合用於需要動態決策的情境,例如:智慧客服、搜尋助理或任務自動化系統。接著就讓我們來看一下使用 LangChain 實作 Agent 的範例:

```
1. from langchain_openai import ChatOpenAI
```

```
2.  from langchain.agents import initialize_agent, Tool,
    AgentType
3.  from dotenv import load_dotenv
4.
5.  load_dotenv()
6.
7.  # 建立 LLM 模型
8.  llm = ChatOpenAI(model="gpt-4o")
9.
10.
11. # 定義兩個簡單的工具函式
12. def search_wikipedia(query):
13.     return f"維基百科搜尋結果:{query} 相關的資訊。"
14.
15.
16. def calculator(expression):
17.     return f"計算結果是:{eval(expression)}"
18.
19.
20. # 建立 Tools（工具列表）
21. tools = [
22.     Tool(name="Wikipedia", func=search_wikipedia, description="搜尋維基百科的工具。"),
23.     Tool(name="Calculator", func=calculator, description="進行數學運算的工具。"),
24. ]
25.
26. # 建立 Agent
27. agent = initialize_agent(
28.     tools=tools,
29.     llm=llm,
30.     agent=AgentType.OPENAI_FUNCTIONS,
31.     verbose=True
```

```
32. )
33.
34. # 執行 Agent 範例
35. query = "台灣最高的山是哪一座？它的高度是多少？請用公尺除以 3 計算
    出大約高度。"
36. result = agent.invoke(query)
37.
38. print("🔍 Agent 回答內容:", result["output"])
```

在上述範例中我們建立了一個簡單的 Agent，內建兩個工具（維基百科搜尋工具與計算器）。當使用者提出問題時，Agent 會自主判斷使用哪些工具，並執行後整合出答案。

透過這種靈活且自主的架構，Agent 能夠處理各種複雜的問題，並自動化調用所需工具。

LangChain 內建對話紀錄管理器

在開發對話型應用程式時，如何有效管理對話歷史（Conversation History）是一個重要且經常需要面對的問題。LangChain 內建了數個方便的對話紀錄管理器（Memory Management），能夠協助我們快速且靈活地儲存與取用對話歷史，確保在多輪對話情境中，語言模型能夠擁有足夠的上下文資訊。

LangChain 提供多種內建 Memory 管理工具，每種都適合不同情境這邊我們透過表 3-3 來比較接下來會提到的兩個範例：

表 3-3　Memory 方式比較

內建 Memory 類型	說明	適用情境
ConversationBufferMemory	完整儲存所有對話訊息，並原樣提供給模型	適合短對話，或需要完整對話歷史的情境
SQLChatMessageHistory	將訊息持久化儲存於 SQL 資料庫內	需長期保存或多使用者場景

我們接下來透過一個實務範例，展示如何使用 LangChain 內建的 ConversationBufferMemory 進行簡單且有效的對話歷史管理：

```
1.  from langchain_openai import ChatOpenAI
2.  from langchain.memory import ConversationBufferMemory
3.  from langchain.chains import ConversationChain
4.  from dotenv import load_dotenv
5.
6.  load_dotenv()
7.
8.  # 建立 LLM 模型
9.  llm = ChatOpenAI(model="gpt-4o")
10.
11. # 使用內建的對話記憶器
12. memory = ConversationBufferMemory()
13.
14. # 建立 ConversationChain（自動管理歷史對話紀錄）
15. conversation = ConversationChain(
16.     llm=llm,
17.     memory=memory,
18.     verbose=True
19. )
20.
21. # 進行多輪對話
22. print("🔍 使用者：什麼是 LangChain？")
23. response = conversation.invoke("什麼是 LangChain？")
24. print("🤖 助理：", response["response"])
25.
26. print("\n🔍 使用者：剛剛你提到的 RAG 系統又是什麼？")
27. response = conversation.invoke("剛剛你提到的 RAG 系統又是什麼？")
28. print("🤖 助理：", response["response"])
```

當執行以上程式碼，會得到類似以下的結果：

> 使用者：什麼是 LangChain？
> 助理：LangChain 是一個開源框架，專為串接語言模型（LLM）與外部工具或服務設計的工具，可協助開發者輕鬆建構具備複雜邏輯的 AI 應用系統，例如對話系統、RAG 系統等等。
>
> 使用者：剛剛你提到的 RAG 系統又是什麼？
> 助理：RAG 系統（Retrieval-Augmented Generation）是一種將外部資料檢索與語言模型生成能力結合的系統架構，能有效提升模型回答的準確性與可信度，避免模型產生錯誤資訊（幻覺）問題。

接著我們要來介紹該如何讓對話紀錄透過 SQLChatMessageHistory 持久化。SQLChatMessageHistory 是 LangChain 提供的一種對話歷史記錄儲存方式，能夠將對話訊息存入 SQL 資料庫（例如 SQLite、PostgreSQL 或 MySQL）。透過此方式，你能夠方便地進行長期歷史訊息保存、對話紀錄查詢與分析，以及實現多使用者對話管理。

讓我們快速看一下下面這個範例：

```
1. from langchain_openai import ChatOpenAI
2. from langchain.memory import ConversationBufferMemory
3. from langchain_community.chat_message_histories import SQLChatMessageHistory
4. from langchain.chains import ConversationChain
5. from dotenv import load_dotenv
6.
7. load_dotenv()
8.
9. # 建立 LLM 模型
10. llm = ChatOpenAI(model="gpt-4o")
11.
```

```
12. # 建立 SQLChatMessageHistory (此處使用 SQLite)
13. connection_string = "sqlite:///chat_history.db"
14. session_id = "user_1234"   # 可依據使用者設定不同 session_id
15.
16. # 初始化歷史訊息儲存管理器
17. history = SQLChatMessageHistory(session_id=session_id,
    connection=connection_string)
18.
19. # 將 SQLChatMessageHistory 傳入 Memory 進行管理
20. memory = ConversationBufferMemory(chat_memory=history)
21.
22. # 建立 ConversationChain 自動管理對話歷史
23. conversation = ConversationChain(
24.     llm=llm,
25.     memory=memory,
26.     verbose=True
27. )
28.
29. # 進行多輪對話範例
30. print("🧑 使用者：什麼是 LangChain？")
31. response = conversation.invoke("什麼是 LangChain？")
32. print("🤖 助理：", response["response"])
33.
34. print("\n🧑 使用者：你剛提到的 RAG 系統是什麼？")
35. response = conversation.invoke("你剛提到的 RAG 系統是什麼？")
36. print("🤖 助理：", response["response"])
```

我們在第 17 行的時候建立了一個 SQLChatMessageHistory 並且設定要使用 SQLite 資料庫（chat_history.db）儲存對話歷史。這個物件背後會使用 SQLAlchemy 負責處理與資料庫的連接、訊息讀取與寫入。

3-43

接著我們在第 20 行將 ConversationBufferMemory 與 SQLChatMessageHistory 結合實現歷史訊息的持久化。透過這種方式，不論程式重新啟動或結束後，歷史訊息皆能被永久保存於資料庫。

從圖 3-2 的內容中我們可以看到，這個物件會自動協助我們建立資料表來儲存對話紀錄，並且每筆對話紀錄都會帶入在第 14 行的 session_id 用於區分該筆對話紀錄是發生於哪段對話。

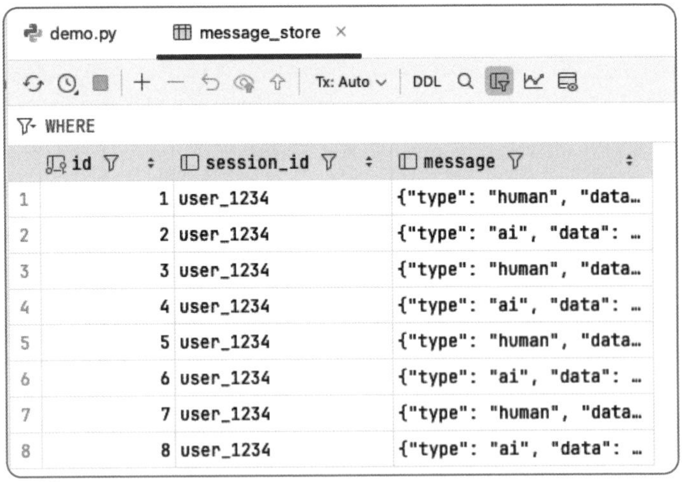

圖 3-2　SQLite 對話紀錄資料表

LangChain 的 SQLChatMessageHistory 除了 SQLite 之外，也支援其他常見 SQL 資料庫，例如：PostgreSQL、MySQL、MSSQL、MariaDB 等等。我們只需要更改 connection_string 設定，就可以更改儲存對話紀錄的資料庫。

而如果我們想要去取用過去的對話紀錄的話，我們只需要透過迭代 history 底下的 messages 這個屬性，讓我們看一下這段程式碼：

```
1.  for msg in history.messages:
2.      if isinstance(msg, HumanMessage):
3.          print("🙂 使用者:", msg.content)
4.      elif isinstance(msg, AIMessage):
5.          print("🤖 助理:", msg.content)
```

可以看到透過這個方式，LangChain 也幫我們將所有的對話紀錄也都打包成物件方便我們進行存取，例如：可以透過判斷它是 HumanMessage 或是 AIMessage 來辨別它是由誰回答的，而要取得其內容也只需要透過取得 content 這個屬性就可以取得原本對話紀錄的原文。

下個章節我們會介紹該如何使用 MongoDB Atlas 來進行向量資料的寫入與查詢！

3-3 Mongo Atlas 資料及向量的寫入與查詢

使用 Mongo Atlas VectorStore 的寫入與查詢向量

> **Tips**
> 開始前記得使用 "pip install langchain-mongodb pymongo" 來安裝必要套件喔！

這個小節當中我們要來介紹該如何透過 Mongo Atlas 建立向量與查詢，我們會分成寫入資料、建立索引以及查詢這三個部分來分別進行說明。首先，先讓我們看到寫入資料的部分，讓我們看一下下面這段程式碼：

```
1.  import os
2.  from dotenv import load_dotenv
3.  from pymongo import MongoClient
```

```
4.   from langchain_core.documents import Document
5.   from langchain_openai import OpenAIEmbeddings
6.   from langchain_mongodb import MongoDBAtlasVectorSearch
7.
8.
9.   load_dotenv()
10.
11.  # 建立 Embedding 模型（使用 OpenAI）
12.  embeddings = OpenAIEmbeddings(model="text-embedding-3-small")
13.
14.  # 要儲存的文本資料
15.  documents = [
16.      Document(
17.          page_content="LangChain 是一個專為串接 LLM 與外部工具而設計的開源框架。",
18.          metadata={"source": "官方文件", "author": "LangChain 開發團隊", "date": "2024-05-10"}
19.      ),
20.      Document(
21.          page_content="向量資料庫可快速進行語意搜尋，提升 RAG 系統的效率。",
22.          metadata={"source": "技術部落格", "author": "技術達人", "date": "2024-04-15"}
23.      ),
24.      Document(
25.          page_content="透過 Metadata 的篩選，能有效提升資料檢索的精準度。",
26.          metadata={"source": "白皮書", "author": "AI 研究團隊", "date": "2024-03-01"}
27.      ),
28.  ]
```

```
29.
30.  # 建立 MongoDBAtlasVectorSearch 物件並將文件與其 Embedding 加
     入儲存
31.  client = MongoClient(os.getenv("MONGODB_ATLAS_CLUSTER_
     URI"))
32.  vector_store = MongoDBAtlasVectorSearch(
33.      collection=client["demo"]["vectorstore"],
34.      embedding=embeddings,
35.      relevance_score_fn="cosine",
36.      index_name="vectorstore",
37.  )
38.
39.  # 透過 vectorstore 將資料寫入 MongoDB
40.  vector_store.add_documents(documents)
```

在這段程式碼的第 30 ～ 37 行，可以看到我們將原本的 InMemoryVectorStore 替換成 MongoDBAtlasVectorSearch 這個物件，在 31 行的時候我們要將存放在 ".env" 環境變數檔案中的 MongoDB URI（詳見第 2-3 章節）讀取進來並建立一個 MongoClient 物件，這個物件是用來與 MongoDB 建立連線的。

接著要注意與 InMemoryVectorStore 不同的有 collection、relevance_score_fn 以及 index_name 這三個參數，讓我們簡單進行說明：

- **collection**：用於指定要寫到哪個資料庫的哪個資料表當中，第一個中括號為資料庫名稱，第二個則為資料表名稱，建立資料錢，指定的資料庫以及資料表可以不需要存在，MongoDB 會自動替我們建立。

- **relevance_score_fn**：用於設定 MongoDB 中的向量索引該如何搜尋。

- **index_name**：在 MongoDB 中建立 Search Index 的名稱（後面會提到）。

讓我們試著執行這段程式碼，然後打開 MongoDB Compass，應該會看到圖 3-3 中所呈現的結果，MongoDB 會自動幫我們建立資料庫、資料表以及寫入資料，而 metadata 的部分，在 MongoDBAtlasVectorSearch 這個物件當中，則是直接作為欄位寫入，並沒有在外面再包一層。

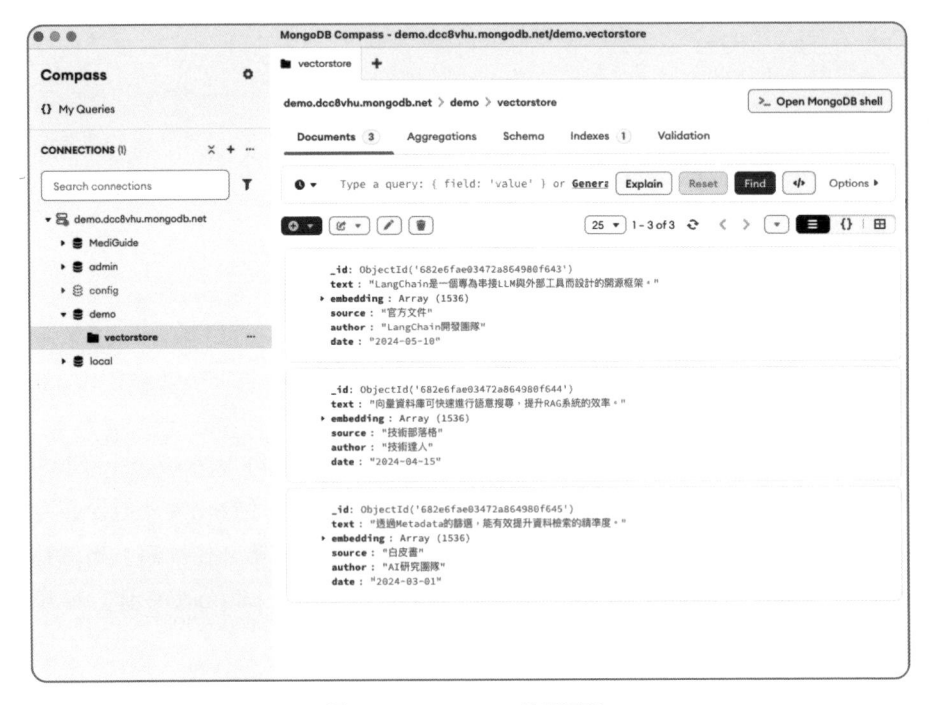

圖 3-3　vectorstore 資料寫入

接著我們要來建立在 MongoDB 上的 Search Index，我們同樣打開 MongoDB Compass 並選擇剛剛上圖中在 vectorstore 這個資料表當中有一個 Indexes 的選項，選擇後切換至 SEARCH INDEXES 這個標籤當中，操作完後應該會呈現如圖 3-4 中的畫面。

3-3 Mongo Atlas 資料及向量的寫入與查詢

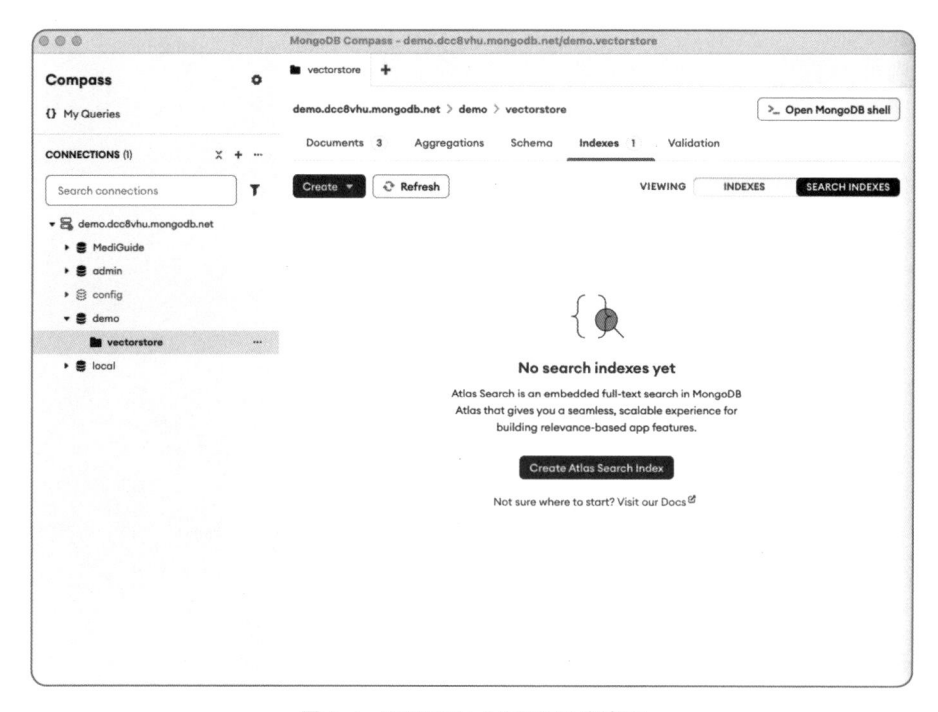

圖 3-4　SEARCH_INDEXES 空畫面

接著我們點選〔Create Atlas Search Index〕這個按鈕後，就會跳出如圖 3-5 中的表單，我們可以依照圖票當中的內容進行設定。首先請設定 "Name of Search Index"，這個部分要記得與我們剛剛在 MongoDBAtlasVectorSearch 中設定的 index_name 一致，並且中間的選項要幫我選擇〔Vector Search〕這個選項。

> **Tips**
>
> LangChain 文件上有說明可以使用 LangChain 幫我們包裝好的程式碼進行索引建立，不過因為這個動作只需要執行一次，因此建議還是使用手動進來 MongoDB Compass 點選，才不用一直對程式碼塗塗改改的喔！

3-49

03　LangChain 操作教學：從基礎到進階

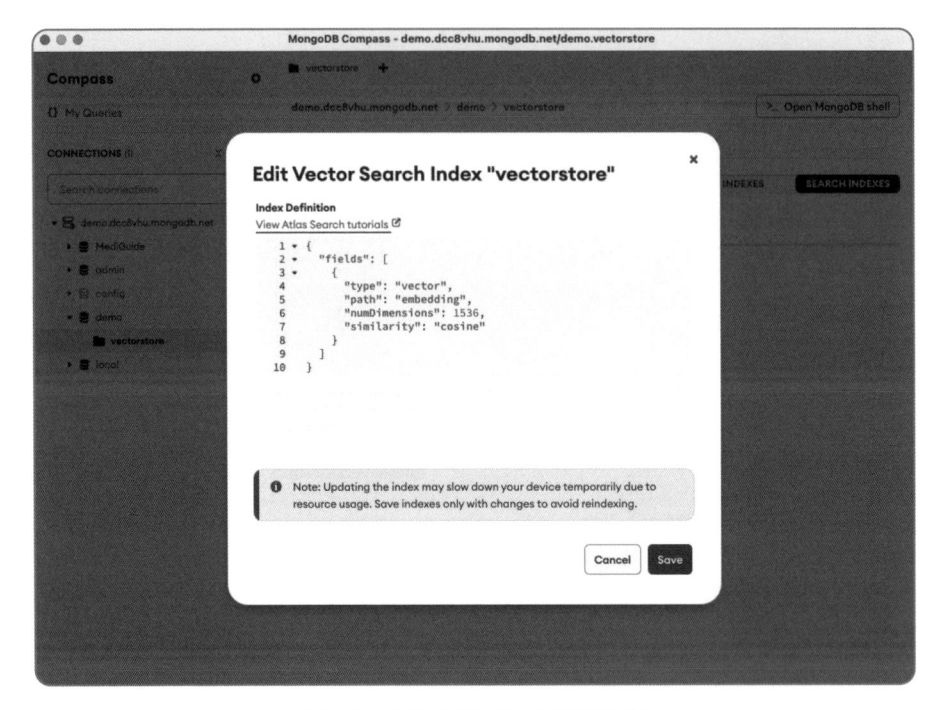

圖 3-5　設定 SEARCH INDEX 內容

至於最下面的 "Index Definition" 的部分，可以參考下面這些內容來填寫：

```
1.  {
2.    "fields": [{
3.      "type": "vector",
4.      "path": "embedding",
5.      "numDimensions": 1536,
6.      "similarity": "cosine"
7.    }]
8.  }
```

點選建立後畫面會跳轉如圖 3-6 中的畫面，並且這個 Index 會呈現 "PENDING" 的狀態，這個時候我們就等它跳轉成 "READY" 就可以回來做查詢囉！

3-50

3-3　Mongo Atlas 資料及向量的寫入與查詢

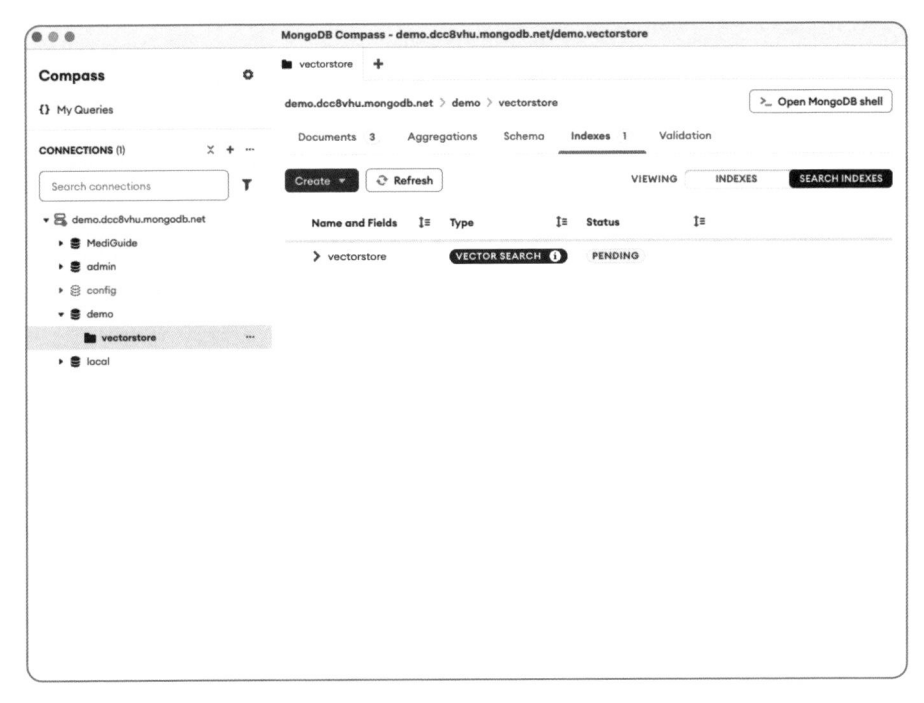

圖 3-6　Index 呈現 Pending 狀態

成功跳轉成 "READY" 後，我們就繼續回來寫程式，讓我們看一下下面這段程式碼：

> **Tips**
> 如果你想接著前面的程式碼寫，記得要把寫入資料的步驟先註解或刪除喔！

```
1.  import os
2.  from dotenv import load_dotenv
3.  from pymongo import MongoClient
4.  from langchain_core.documents import Document
5.  from langchain_openai import OpenAIEmbeddings
6.  from langchain_mongodb import MongoDBAtlasVectorSearch
```

3-51

```
7.
8.
9.  load_dotenv()
10.
11. # 建立 Embedding 模型 (使用 OpenAI)
12. embeddings = OpenAIEmbeddings(model="text-embedding-3-
    small")
13.
14. # 建立 MongoDBAtlasVectorSearch 物件並將文件與其 Embedding 加
    入儲存
15. client = MongoClient(os.getenv("MONGODB_ATLAS_CLUSTER_
    URI"))
16. vector_store = MongoDBAtlasVectorSearch(
17.     collection=client["demo"]["vectorstore"],
18.     embedding=embeddings,
19.     relevance_score_fn="cosine",
20.     index_name="vectorstore",
21. )
22.
23. # 使用 similarity_search 進行相似度搜尋
24. query = "什麼是向量資料庫？"
25. search_result = vector_store.similarity_search(query,
    k=1)
26.
27. # 顯示搜尋結果
28. for doc in search_result:
29.     print(doc.page_content)
```

在第 21 行之前幾乎與前面的步驟一樣，就是設定要用的向量模型、建立與 MongoDB 連線的 Client 物件以及建立 Vector Store 物件，接著在第 24 行開始，也如同之前在 InMemoryVectorStore 一樣，統一調用 "similarity_search" 這個函式來進行搜尋。

成功搜尋後，也應該要得到如下的結果：

向量資料庫可快速進行語意搜尋，提升 RAG 系統的效率。

◢ 使用自定義 aggregate 語法查詢向量

雖然說 VectorStore 已經協助我們包裝一定程度的查詢語法，然而在某些情況下我們仍然會需要自己撰寫查詢語法，例如：Search Index 的數量不只一個，或是資料表過於複雜的時候。

碰到這類的情況我們就有可能會面臨需要自己寫查詢語法，因此筆者這邊也同步附上，當今天需要字寫 aggregate 的查詢向量的語法時該怎麼做，讓我們看一下下面這段程式碼：

```python
import os
from dotenv import load_dotenv
from pymongo import MongoClient
from langchain_openai import OpenAIEmbeddings

load_dotenv()

# 建立必要物件
embeddings = OpenAIEmbeddings(model="text-embedding-3-small")
client = MongoClient(os.getenv("MONGODB_ATLAS_CLUSTER_URI"))
collection = client["demo"]["vectorstore"]

# 進行搜尋
query = "什麼是向量資料庫？"
results = collection.aggregate([{
    "$vectorSearch": {
        "index": "vectorstore",
```

```
18.         "path": "embedding",
19.         "queryVector": embeddings.embed_query(query),  #
    計算查詢的向量
20.         "numCandidates": 50,  # 建議 numCandidates 約為 k 的
    10 倍
21.         "limit": 5  # 返回的結果數量 (k)
22.     }
23. }])
24.
25. # 印出結果
26. for result in results:
27.     print(result.get("text"))
```

在上面這段程式碼當中,我們可以看到在第 19 行的時候,我們同樣透過 langchain 中替 OpenAI 建立的向量物件來做向量的計算,而 15～23 行則是完整的一份向量索引的查詢語法。

由於我們在第 21 行的時候設定了返回結果數量為 5,MogoDB 就會依照它查詢出來的相似度的分數依序回傳給我們,因此應該可以得到如下面的結果:

> 向量資料庫可快速進行語意搜尋,提升 RAG 系統的效率。
> 透過 Metadata 的篩選,能有效提升資料檢索的精準度。
> LangChain 是一個專為串接 LLM 與外部工具而設計的開源框架。

接著你就可以開始自由調配你的查詢,並搭配你的 MongoDB 的其他查詢語法囉!

> **Tips**
>
> 如果對 MongoDB 的查詢語法有興趣的話,歡迎迎來參考筆者在 2023 年寫的鐵人賽系列文,網址如下:https://ithelp.ithome.com.tw/users/20144024/ironman/5983 !

下面我們透過表 3-4 來協助各位對比一下使用 VectorStore 與自己寫 aggregate 的差異:

表 3-4 VectorStore 與自定義 aggregate 語法比較

面向	VectorStore	自定義 aggregate 語法
易用性	高。LangChain 提供一致且簡單的介面,使用內建函式如 similarity_search 即可快速完成查詢。	中。需手動撰寫 MongoDB aggregate 查詢語法,需額外掌握語法細節。
靈活性	中。僅能使用 LangChain 提供的預設函式,若遇到特殊需求,可能會受限。	高。可根據實際需求自由撰寫複雜查詢語法,靈活處理多種情境。
開發速度	快。LangChain 已封裝好必要流程,可快速進行開發與測試,適合快速原型或小型專案。	較慢。需要花費時間自行撰寫、調整與測試語法,初期成本較高。
效能調整	中。效能受限於 LangChain 預設函式,調整空間較小。	高。可以自由調整 aggregate 語法的細節(例如 numCandidates、limit),達成更好的效能。

3-4 章節回顧

這個章節我們正式踏入了 LangChain 的世界。透過本章節的學習，我們從基礎設定一路深入到 LangChain 的進階功能，掌握如何高效串接大型語言模型，並結合外部工具與資料庫，輕鬆打造智慧化的應用。

首先，我們詳細介紹了如何設定與串接 LLM，包括環境變數設定、API 金鑰管理與 BaseChatModel 的運作原理，並透過 invoke() 方法，掌握了與模型溝通的多種方式。我們也清楚地理解了 LangChain 提供的各種訊息類型（如 SystemMessage、HumanMessage、AIMessage 和 ToolMessage）以及它們在對話流程中的應用，讓我們能夠有效設計具備上下文記憶的互動系統。

此外，本章也帶領我們深入理解向量資料庫（VectorStore）的重要性，並透過內建的 InMemoryVectorStore 快速進行原型開發與測試。我們也詳細介紹了如何使用 MongoDB Atlas 進行向量資料的儲存與檢索，掌握如何搭配文件（Document）與元資料（Metadata）來有效管理資料，並透過向量相似度搜尋實現語義檢索功能。

在進階操作方面，我們探討了 Chain 的概念，掌握如何將多個步驟串聯成完整任務。也探討了 Agent，學習如何建立具備自主決策能力的系統，透過動態選擇適合的工具，實現高度靈活且互動式的智慧服務。

最後介紹了 LangChain 內建的對話紀錄管理器，包括如何使用 ConversationBufferMemory 與 SQLChatMessageHistory，有效管理與持久化對話歷史，實現長期且多使用者的對話管理，為後續系統擴展與維護奠定了穩固基礎。

下一個章節，我們會使用在這個章節介紹的一些觀念以及工具，來搭配 Streamlit 撰寫網頁以及 Selenium 這個瀏覽器自動化控制的工具，來建立一個智慧問診機器人的站台！

04
智慧問診機器人實作演練

4-1　設計專案架構

4-2　資料及向量的寫入

4-3　設計查詢與對話模組

4-4　設計前台頁面

4-5　建立對話紀錄

4-6　建立問診紀錄區塊

4-7　使用 Fly.io 部署站台

4-8　章節回顧

04 智慧問診機器人實作演練

在這個章節當中,我們會帶領各位透過 Selenium 爬取「衛生福利部一台灣 e 院」中的資料,並且使用 Streamlit 來打造前台頁面。至於 RAG 流程的部分則會透過 LangChain 以及 MongoDB Atlas 來打造,讓各位可以快速地了解如何將 RAG 實際應用在生活中。

另外在開始閱讀本章節之前,請透過 PyCharm 建立一個新的專案,並且在這個空的專案當中新增一個名為 ".streamlit" 的空目錄,接著在這個目錄下建立一個名為 "secrets.toml" 的檔案。

在這個檔案當中請輸入以下內容:

```
OPENAI_API_KEY = "<你的OPENAI API KEY>"
MONGODB_URI = "<你的MongoDB URI>"
```

準備好這個步驟後,就讓我們開始閱讀這個章節的內容吧!

4-1 設計專案架構

首先我們會透過一張簡單的如圖 4-1 所示的站台規劃圖,快速說明整個智慧問診系統的網頁介面布局,讓大家更容易理解我們設計的重點與功能分區。

整體頁面設計清晰且直覺,主要包含五個核心區域:

- **使用者基本資料區塊**:這個區域會顯示使用者輸入的基本資訊,如性別、年齡或其他非敏感性的基本資料,幫助系統更有效地進行相關檢索與推論。
- **問答紀錄區塊**:即時顯示使用者與系統間的歷史互動紀錄,方便使用者快速回顧過去問題及對應的回答內容,提升整體使用體驗。

- **問診結果區塊**：展示使用者當前問題經過系統檢索並透過大型語言模型生成的問診結果，提供即時且直觀的答案，協助使用者快速獲取資訊。
- **問題輸入區塊**：提供使用者直接輸入問題的空間，輸入後可立即送至後端系統進行資料檢索與生成答案。
- **警語 & 提示語區塊**：重要區域，提醒使用者本系統僅提供資訊參考，並非專業醫療建議，避免法律或認知上的誤解與風險。

透過這樣的頁面設計，不僅能讓使用者更直覺地與系統互動，也能提升資料處理的效率與使用者的整體滿意度，達成一個功能完整又方便使用的智慧問診系統。

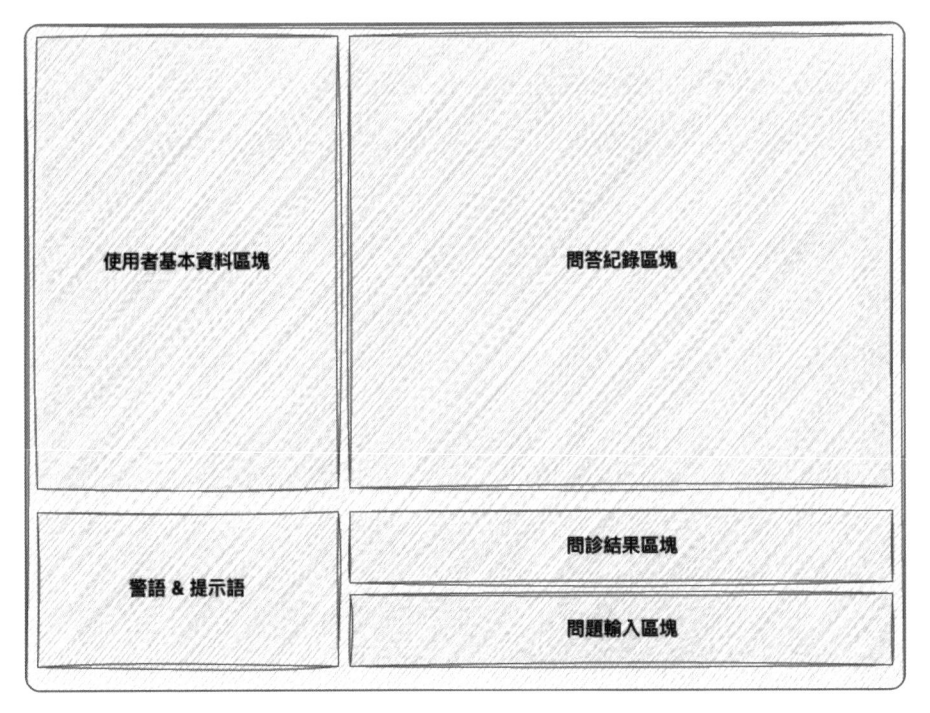

圖 4-1　站台規劃圖

接著讓我們來說明一下要儲存什麼樣的資料，而資料來源的部分我們會在下一個章節進行說明。圖 4-2 中所呈現的，是我們這次的資料庫主要儲存的資料欄位，下面快速進行簡單介紹：

- **subject_id**（主題編號）：對應特定主題的唯一識別號。
- **subject**（主題名稱）：問題或症狀的主題名稱。
- **symptom**（症狀描述）：簡短描述症狀的關鍵詞。
- **question**（問題內容）：使用者具體描述的問題內容。
- **gender**（性別）：提供使用者的性別資訊。
- **question_time**（提問時間）：使用者提交問題的時間戳。
- **answer**（回覆內容）：系統或專業人員對問題的回覆內容。
- **department**（相關科別）：問題相關的醫療科別。
- **answer_time**（回答時間）：系統或專業人員提供回覆的時間戳。
- **question_embeddings**（問題向量）：將問題內容轉換為數值向量，以便進行語意檢索。

4-1　設計專案架構

圖 4-2　資料欄位

最後讓我們快速來說明一下系統架構的部分，如圖 4-3 所示這個專案主要分成四個部分，分別是前台、爬蟲、資料庫以及 OpenAI API：

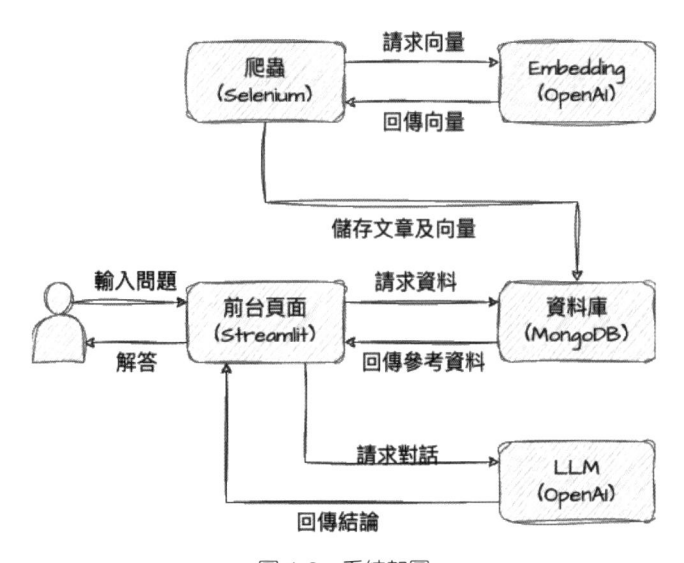

圖 4-3　系統架圖

4-5

04 智慧問診機器人實作演練

資料庫以及 OpenAI API 的部分我們在前面的章節都有帶到該如何進行申請及串接，這部分我們就不再贅述，這邊我們接著說明一下爬蟲以及前台頁面的部分。

爬蟲的部分目前暫定會使用 Selenium 來進行爬蟲，因為目標網站是動態網站，因此需要使用 Selenium 來模擬瀏覽器行為，目標網站則是衛生福利部的台灣 e 院（https://sp1.hso.mohw.gov.tw/doctor/Index1.php），圖 4-4 所呈現的是該網站的官網首頁。

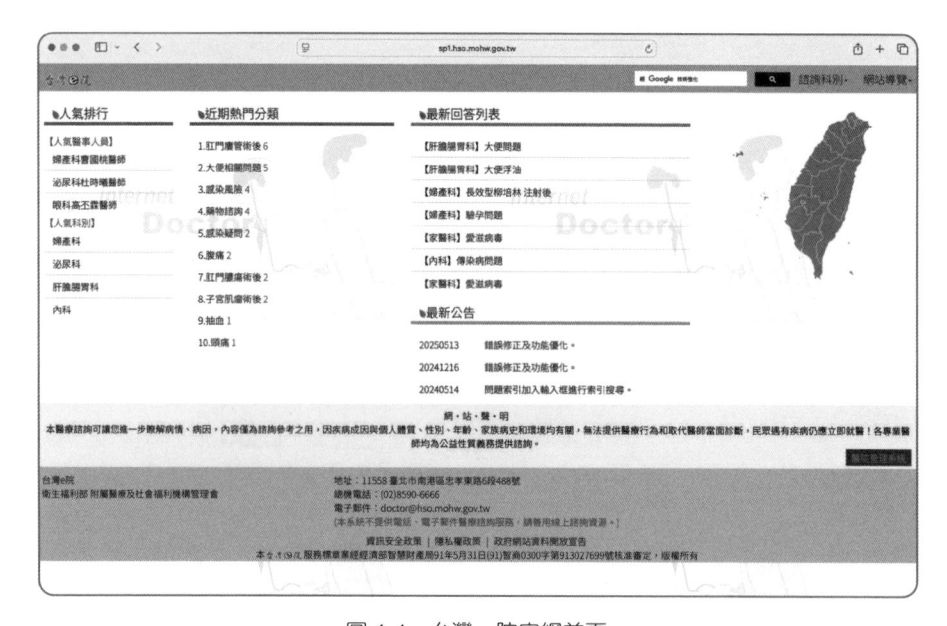

圖 4-4　台灣 e 院官網首頁

在正式透過爬蟲取用這個站台的資料之前，我們先看一下這個站台當中對資料的授權，可以看到如圖 4-5 所示，我們可以自由存取這個站台中的資料來重製、改作、編輯、公開傳輸。

> **Tips**
>
> 後面章節會有爬蟲程式,請務必留意爬蟲的訪問頻率,避免造成攻擊行為導致對方網站受損!

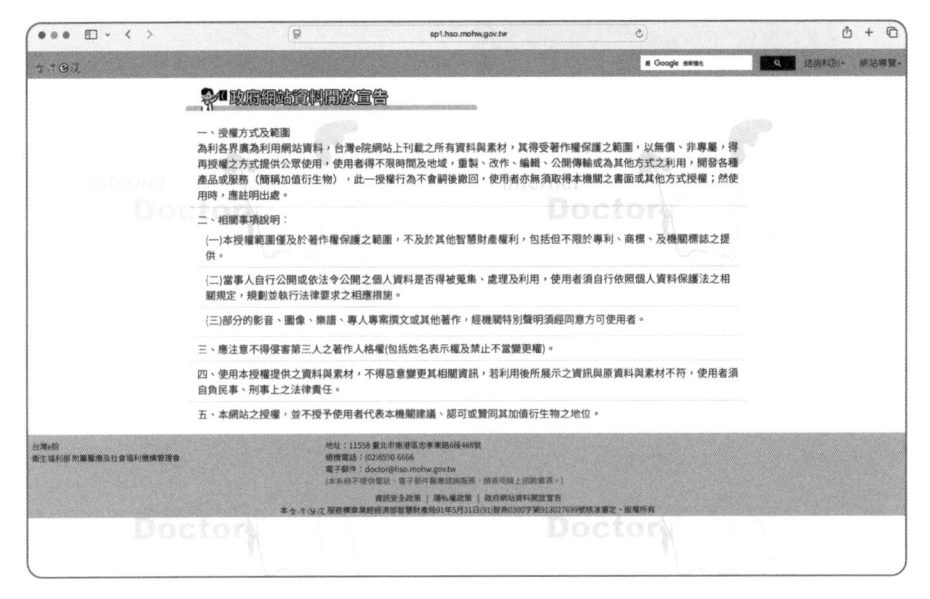

圖 4-5　政府網站資料開放宣告

最後是前台頁面的部分,這次的專案我們要使用 Streamlit 來打造,Streamlit 主打的是使用 Python 程式碼來撰寫前台,可以快速的進行站台開發,非常適合雛形展示、資料分析站台。如圖 4-6 所示,透過簡單幾行程式碼,我們就可以快速的生成一個站台,當然如果未來想要更加的客製化一點,還是需要去了解一下前端該如何開發囉!

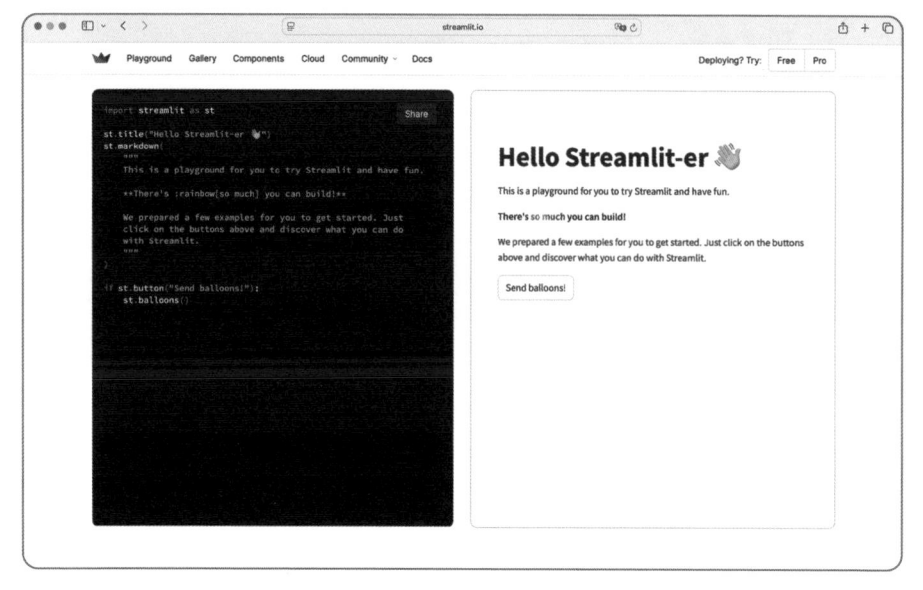

圖 4-6　streamlit「Playground」頁面

4-2 資料及向量的寫入

這個小節我們要來說明該如何進行爬蟲，然而本書的重點其實是在 RAG 而非教學大家如何爬蟲，這邊會以網頁截圖搭配程式碼的方式來進行說明，讓讀者可以了解專案中的程式碼是怎麼運行的，至於詳細的 Selenium 操作，就不會在本書說明了，可以試著在 YouTube 上搜尋，如圖 4-7 所示，應該就可以得到超多學習資源。

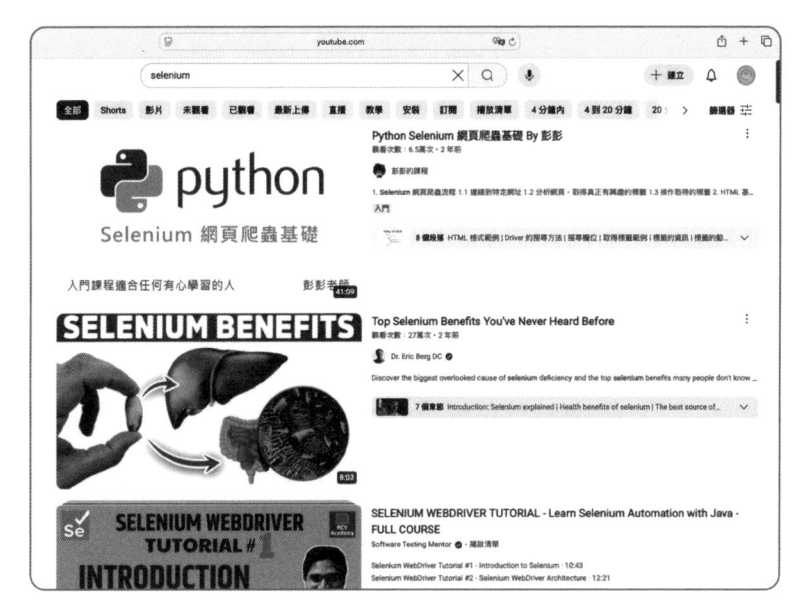

圖 4-7　YouTube「selenium」搜尋

要開始進行爬蟲之前，我們首先要對網頁進行分析，先讓我們看一下如圖 4-8 所示的畫面，這個畫面是我們的目標畫面，畫面中有呈現患者的提問、提問時間、性別以及醫師回答等等的資料，我們將會搜集這些資料來作為 RAG 系統當中的文本資料，其中在前面有提到針對 question 欄位的部分，我們會特別拉出來計算向量，用於檢索與使用者提問相關的問題。

04 智慧問診機器人實作演練

圖 4-8　台灣 e 院 QA 頁面

接著我們往下滑一點可以看到，某些分類的症狀問題會比較多，會需要做翻頁的動作，因為這個網頁一次只能呈現 20 筆，因此在這一類型的頁面當中的最下面都會有一個如圖 4-9 所示的翻頁按鈕，點選下一頁就可以往下取得更多的資料。

4-2 資料及向量的寫入

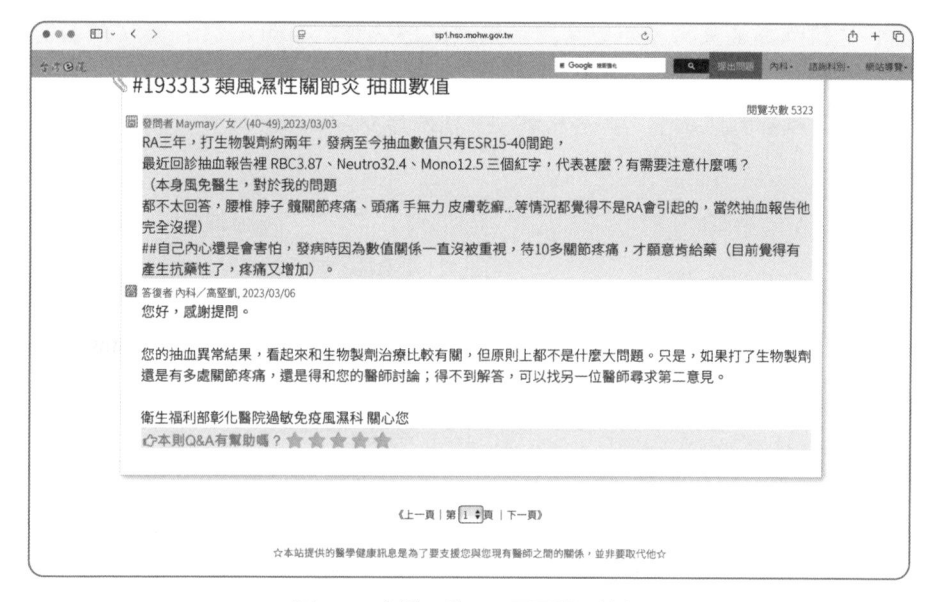

圖 4-9 台灣 e 院 QA 頁面翻頁按鈕

接著我們可以把視線來到網站中右上角，可以看到當前所在的「科別」的名稱，例如內科、耳鼻喉科等等。如圖 4-10 所示，將滑鼠移動到科別名稱上後，可以發現它會列出這個網站上所有有資料的科別。

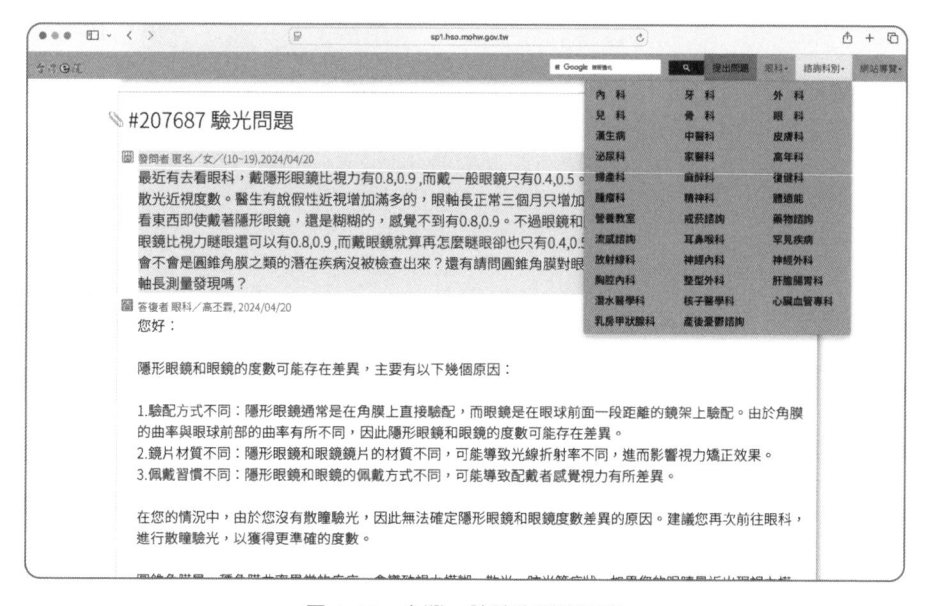

圖 4-10 台灣 e 院諮詢科別列表

4-11

而每個科別點進去後就可以選擇常見的問題分類，如圖 4-11 所示，你會發現在跳轉到指定科別後，就會跳出一個表單可以讓你做選擇以及查詢，而每個選項當中都有無數個 QA 資料可以讓我們爬文。

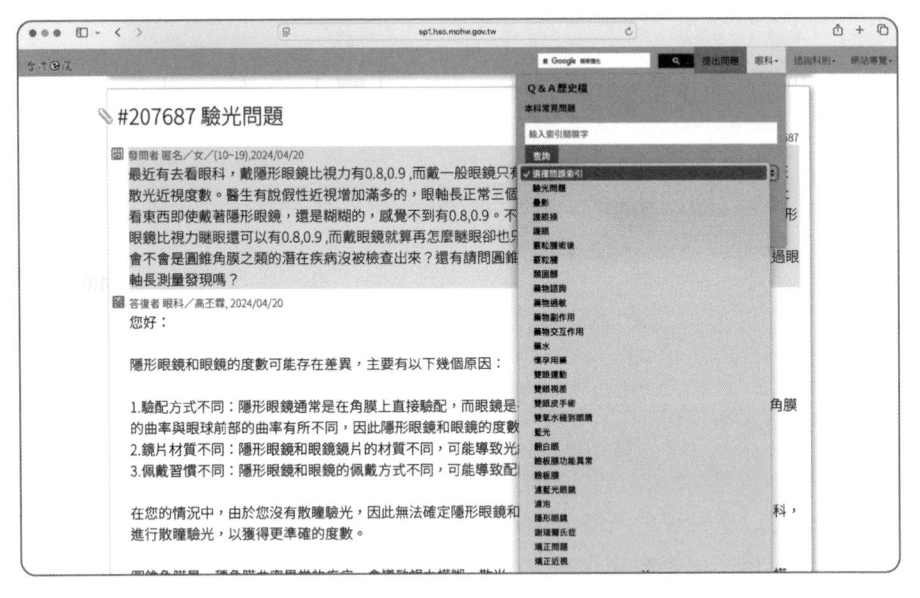

圖 4-11　台灣 e 院常見問題列表

快速分析完後，我們可以得到如圖 4-12 所示的爬文流程，透過這個流程圖，我們就可以在給予一個「科別進入點的情況下」，就將整個科別當中的常見問題 QA 都爬取下來。

4-2 資料及向量的寫入

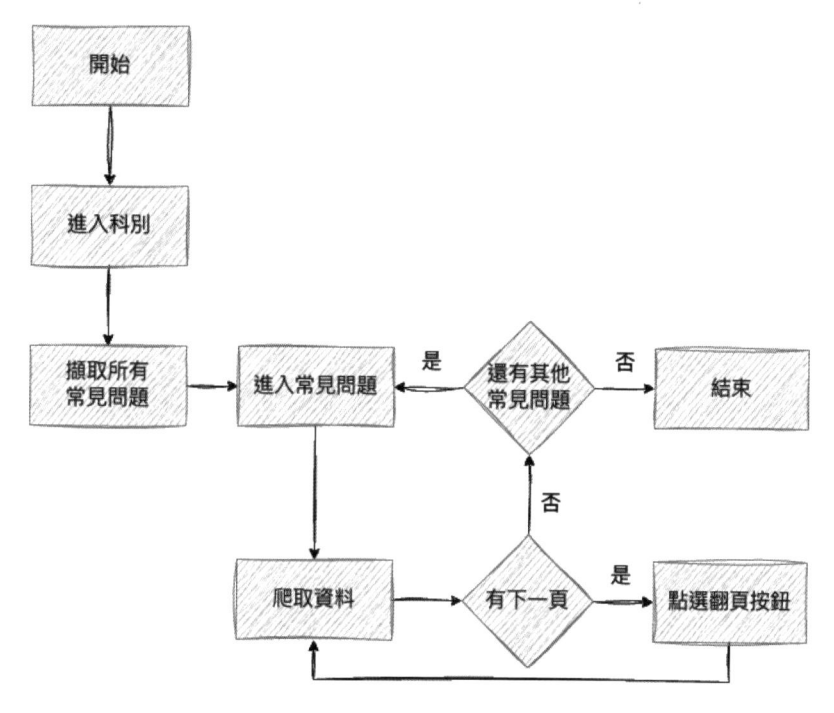

圖 4-12 台灣 e 院爬文流程圖

至於剛剛提到的「科別進入點」的部分，原則上就是隨意進去一個科別然後點選任何一個常見問題分類然後複製該網址即可，因為我們進去網頁當中的第一件事情就是會去搜尋所有的常見問題，然後再一一的去做爬文的動作，下面的程式碼有簡單彙整了一些進入點，如果你需要完整的程式碼直接複製的話，也歡迎前往 https://github.com/nickchen1998/Mediguide/blob/main/datasets.json 這個網址，這邊有提供了完整的進入點程式碼。

```
1.  [
2.    {
3.      "department": "內科",
4.      "start_url": "https://sp1.hso.mohw.gov.tw/doctor/Often_question/type_detail.php?UrlClass=%A4%BA%AC%EC&q_like=0&q_type=%EBC%B3%C2%AF1%A9%CA%A6%E5%BA%DE%AA%A2",
5.    },
```

4-13

```
 6.    {
 7.        "department": "外科",
 8.        "start_url": "https://sp1.hso.mohw.gov.tw/doctor/
           Often_question/type_detail.php?UrlClass=%A5%7E%AC%EC&q_
           like=0&q_type=%E6%B3%A6%D7",
 9.    },
10.    {
11.        "department": "牙科",
12.        "start_url": "https://sp1.hso.mohw.gov.tw/doctor/
           Often_question/type_detail.php?UrlClass=%A4%FA%AC%EC&q_
           like=0&q_type=%F9%AF%B0%A9%B0%A9%A7%E9",
13.    },
14.    {
15.        "department": "骨科",
16.        "start_url": "https://sp1.hso.mohw.gov.tw/doctor/
           Often_question/type_detail.php?UrlClass=%B0%A9%AC%EC&q_
           like=0&q_type=%F9%AF%B0%A9%B0%A9%A7%E9%B3N%AB%E1",
17.    },
18.    {
19.        "department": "眼科",
20.        "start_url": "https://sp1.hso.mohw.gov.tw/doctor/
           Often_question/type_detail.php?UrlClass=%B2%B4%AC%EC&q_
           like=0&q_type=%C5%E7%A5%FA%B0%DD%C3D",
21.    },{
22.        "department": "肝膽腸胃科",
23.        "start_url": "https://sp1.hso.mohw.gov.tw/
           doctor/Often_question/type_detail.php?UrlClass=
           %A8x%C1x%B8z%ADG%AC%EC&q_like=0&q_type=%E4%FA%A4%DF",
24.    },
25.    {
26.        "department": "耳鼻喉科",
```

```
27.        "start_url": "https://sp1.hso.mohw.gov.tw/
    doctor/Often_question/type_detail.
    php?UrlClass=%A6%D5%BB%F3%B3%EF%AC%EC&q_like=0&q_
    type=%F9%AE%C3E%B5o%AA%A2",
28.     },
29.     {
30.        "department": "皮膚科",
31.        "start_url": "https://sp1.hso.mohw.gov.tw/doctor/
    Often_question/type_detail.php?UrlClass=
    %A5%D6%BD%A7%AC%EC&q_like=0&q_type=
    %F9%AF%B0%A9%A5%C0%B4%B3",
32.     }
33. ]
```

可以看到在這份進入點當中，每個科別都有一個欄位叫做 start_url，接下來的爬蟲程式，就會以讀取這份 json 檔為目標，並截取各個科別當中的 start_url 來做爬文為目標。

首先我們先透過 PyCharm 新建立一個專案，並在專案當中建立一個名為 crawlers.py 的 python 檔案用來存放爬蟲。接著在檔案的一開始，我們要 import 我們需要使用的所有套件，可以看到如下的程式碼。

> **Tips**
> 導入套件的過程中如果發現 PyCharm 有提示紅底，表示可能沒有安裝到，這個時候就可以使用 pip install 來做安裝！

```
1. import random
2. import re
3. import time
4. import json
5. import utils
```

```
6.  import pathlib
7.  from datetime import datetime
8.  from selenium.webdriver import Chrome
9.  from selenium.webdriver.common.by import By
10. from selenium.webdriver.chrome.options import Options
11. from fake_useragent import UserAgent
```

接著我們就要開始來撰寫爬文程式了,首先要先說明一下,由於是一個簡單的範例,這個專案的爬蟲程式會採本地執行的方式,讓我們接著同一份檔案繼續往下寫。

這一段程式碼當中,我們透過 json 模組將我們寫在 dataset.json 當中的科別進入點讀取出來,並且存入 datasets 變數當中,同時在第 18 行開始,我們透過 selenium 當中的一些套件,來設定要用來爬蟲的瀏覽器物件(browser),可以看到這邊我們選擇的是 Chrome。

```
12. if __name__ == '__main__':
13.
14.     dataset_path = pathlib.Path(__file__).parent / "datasets.json"
15.     with open(dataset_path, "r", encoding="utf-8") as f:
16.         datasets = json.load(f)
17.
18.     options = Options()
19.     options.add_argument("--headless")
20.     options.add_argument(f'user-agent={UserAgent().random}')
21.     browser = Chrome(options=options)
22.     browser.maximize_window()
```

讓我們繼續往下，接下來這段程式碼是用來控制我們的爬文流程，可以看到在第 25～29 行的時候，我們實作了使用 browser 透過開啟科別進入點（start_url）並且擷取該科別所有常見問題的步驟，並將所有常見問題的物件都存入 symptom_list 當中。

接著在第 31～46 行，我們透過 for 迴圈去迭代 symptom_list 來去取得每個科別當中的所有 QA 資料並將記錄存放於 results 串列當中，而在其中的第 38～44 行則是在處理翻頁的過程，在程式碼的最後透過一個函式另外將資料寫入資料庫當中。

> **Tips**
>
> 可以看到在第 43 行的時候，我們透過 time.sleep 強制讓程式碼進行休眠等待的動作，**是為了避免過高的請求導致對方網站癱瘓或是將我們辨認成攻擊行為**，請各位讀者在執行程式碼的時候不要刪除這行程式！

```
23.     results = []
24.     for dataset in datasets:
25.         browser.get(dataset["start_url"])
26.
27.         symptom_select_menu = browser.find_element(By.CSS_
    SELECTOR, "select[name='q_type']")
28.         symptom_list = [tmp.get_attribute("value") for
    tmp in symptom_select_menu.find_elements(
29.             By.TAG_NAME, "option") if tmp.get_attribute("
    value")]
30.
31.         for symptom in symptom_list:
32.             url = (f"https://sp1.hso.mohw.gov.tw/doctor/
    Often_question/type_detail.php?"
33.                    f"q_type={symptom}&UrlClass={dataset
    ['department']}")
```

```
34.             browser.get(url)
35.             datas = []
36.             page = 1
37.
38.             while browser.find_elements(By.CSS_SELECTOR,
    "ul.QAunit"):
39.                 datas.extend(list(get_paragraph
    (browser)))
40.
41.                 page += 1
42.                 tmp_url = url + f"&PageNo={page}"
43.                 time.sleep(random.randint(4, 8))
44.                 browser.get(tmp_url)
45.
46.             results.extend(datas)
47.
48.         browser.quit()
49.         utils.insert_symptom_subject_datas(results)
```

上面就是我們的爬蟲所有流程的程式碼了，你可以發現在這個過程當中我們還有第 39 行的 "get_paragraph()" 以及第 49 行的 "utils.insert_symptom_subject_datas" 沒有處理，接下來就讓我們分別來介紹一下這兩個函式的內容。

首先是 "get_paragraph()" 這個函式，這個函式主要用於處理解析每一頁的 QA 資料，將這個步驟獨立的原因是為了將解析流程以及爬文流程拆開來，避免在寫程式的時候太過複雜，而這部分的程式同樣可以一併放在 crawlers.py 當中進行撰寫沒有問題，下面為 "get_paragraph()" 這個函式當中的程式碼。

可以看到 "get_paragraph()" 接收一個名為 chrome 的參數，而這個參數就會對應到剛剛我們提到的 browser 這個變數，而在這裡面的程式碼當中會去取得每一筆 QA 資料然後透過第 2 行的 for 迴圈去一一迭代解析出我們想要的資料。

而在第三行的時候可以發現筆者這邊使用了 try 這個例外處理的方法，主要原因在於筆者在爬文的過程中，有時候會進入到一些分類當中沒有問題，網站會直接跳出錯誤，因此我們在解析的過程中直接很粗暴的使用 try 來規避在解析當中所遇到的問題，才不會耗費太多時間在爬蟲的開發上，採取一個先求有再求好的策略，盡可能先有第一批資料進入資料庫當中。

```
1.  def get_paragraph(chrome: Chrome):
2.      for paragraph in chrome.find_elements(By.CSS_SELECTOR, "ul.QAunit"):
3.          try:
4.              subject = paragraph.find_element(By.CSS_SELECTOR, "li.subject").text
5.
6.              asker_info = paragraph.find_element(By.CSS_SELECTOR, "li.asker").text
7.              match = re.search(r'／([男女])／.*?,(\d{4}/\d{2}/\d{2})', asker_info)
8.              gender = match.group(1)
9.              question_time = datetime.strptime(match.group(2), '%Y/%m/%d')
10.
11.             question = paragraph.find_element(By.CSS_SELECTOR, "li.ask").text
12.
13.             answer = paragraph.find_element(By.CSS_SELECTOR, "li.ans").text
14.             answer_time = datetime.strptime(match.group(2), '%Y/%m/%d')
```

```
15.
16.             data = dict(
17.                 subject_id=int(subject.split(" ")[0].
    replace("#", "")),
18.                 subject="".join(subject.split(" ")[1:]),
19.                 symptom=symptom,
20.                 question=question,
21.                 gender=gender,
22.                 question_time=question_time,
23.                 answer=answer,
24.                 department=dataset["department"],
25.                 answer_time=answer_time,
26.             )
27.             yield data
28.         except Exception as e:
29.             print(e)
30.             continue
```

到此為止就是 "crawlers.py" 當中所有的內容了，在進入下一步驟之前，先附上完整的程式碼給各位讀者參考。

```
1.  import random
2.  import re
3.  import time
4.  import json
5.  import utils
6.  import pathlib
7.  from datetime import datetime
8.  from selenium.webdriver import Chrome
9.  from selenium.webdriver.common.by import By
10. from selenium.webdriver.chrome.options import Options
11. from fake_useragent import UserAgent
```

```
12.
13.
14. def get_paragraph(chrome: Chrome):
15.     for paragraph in chrome.find_elements(By.CSS_SELECTOR, "ul.QAunit"):
16.         try:
17.             subject = paragraph.find_element(By.CSS_SELECTOR, "li.subject").text
18.
19.             asker_info = paragraph.find_element(By.CSS_SELECTOR, "li.asker").text
20.             match = re.search(r'／([男女])／.*?,(\d{4}/\d{2}/\d{2})', asker_info)
21.             gender = match.group(1)
22.             question_time = datetime.strptime(match.group(2), '%Y/%m/%d')
23.
24.             question = paragraph.find_element(By.CSS_SELECTOR, "li.ask").text
25.
26.             answer = paragraph.find_element(By.CSS_SELECTOR, "li.ans").text
27.             answer_time = datetime.strptime(match.group(2), '%Y/%m/%d')
28.
29.             data = dict(
30.                 subject_id=int(subject.split(" ")[0].replace("#", "")),
31.                 subject="".join(subject.split(" ")[1:]),
32.                 symptom=symptom,
33.                 question=question,
34.                 gender=gender,
35.                 question_time=question_time,
```

```python
36.                answer=answer,
37.                department=dataset["department"],
38.                answer_time=answer_time,
39.            )
40.            yield data
41.        except Exception as e:
42.            print(e)
43.            continue
44.
45.
46. if __name__ == '__main__':
47.
48.     dataset_path = pathlib.Path(__file__).parent / "datasets.json"
49.     with open(dataset_path, "r", encoding="utf-8") as f:
50.         datasets = json.load(f)
51.
52.     options = Options()
53.     options.add_argument("--headless")
54.     options.add_argument(f'user-agent={UserAgent().random}')
55.     browser = Chrome(options=options)
56.     browser.maximize_window()
57.
58.     results = []
59.     for dataset in datasets:
60.         browser.get(dataset["start_url"])
61.
62.         symptom_select_menu = browser.find_element(By.CSS_SELECTOR, "select[name='q_type']")
63.         symptom_list = [tmp.get_attribute("value") for tmp in symptom_select_menu.find_elements(
```

```
64.              By.TAG_NAME, "option") if tmp.get_
    attribute("value")]
65.
66.      for symptom in symptom_list:
67.          url = (f"https://sp1.hso.mohw.gov.tw/doctor/
    Often_question/type_detail.php?"
68.              f"q_type={symptom}&UrlClass={dataset
    ['department']}")
69.          browser.get(url)
70.          datas = []
71.          page = 1
72.
73.          while browser.find_elements(By.CSS_SELECTOR,
    "ul.QAunit"):
74.              datas.extend(list(get_paragraph
    (browser)))
75.
76.              page += 1
77.              tmp_url = url + f"&PageNo={page}"
78.              time.sleep(random.randint(4, 8))
79.              browser.get(tmp_url)
80.
81.          results.extend(datas)
82.
83.      browser.quit()
84.      utils.insert_symptom_subject_datas(results)
```

接著我們要來說說 "utils.insert_symptom_subject_datas" 這個函式，這個函式是用來協助我們將解析出的資料存入 MongoDB 當中的函式，主要會透過第三章所提到的 MongoDBAtlasVectorStore 這個物件來進行，而這部分屬於資料庫操作，因此我們透過另外新增一個 "utils.py" 檔案來存放這部分的程式碼，方便我們進行管理。

下面這段程式碼就是 "utils.insert_symptom_subject_datas" 當中的內容，其中 "with" 這個部分我們稍後做說明，我們先專注在其他部分上。我們可以看到在進入這個函式之後，我們同樣透過 for 迴圈迭代傳入的資料（datas），將資料轉換成 LangChain 中 VectorStore 所接受的物件（Document）最後彙整給第 13 行的 vectorstore 來進行儲存，而這個第 13 行的 vectorstroe 就是我們在第 2 行當中透過 "get_mongo_vectorstore()" 所建立的 MongoDBAtlasVectorStore 物件。

> **Tips**
>
> 在第 13 行的時候我們設定了 batch_size=100，主要是為了避免同時計算太多導致 API 請求量太大，造成一些非必要的錯誤，LangChain 中的物件會自動協助我們透過這個指定的數量去切割請求！

```
1.  def insert_symptom_subject_datas(datas: List[dict]):
2.      with get_mongo_vectorstore() as vectorstore:
3.          documents = []
4.          for data in datas:
5.              if vectorstore.collection.find_one({"subject_id": data["subject_id"]}):
6.                  continue
7.
8.              documents.append(Document(
9.                  page_content=data.pop("question"),
10.                 metadata=data
11.             ))
12.
13.         vectorstore.add_documents(documents, batch_size=100)
```

接著我們來補一下所謂的 "get_mongo_vectorstore()" 這個函式同樣撰寫在 "utils.py" 當中，讓我們看一下下面這段程式碼。在這段程式碼當中，我們透過第 1 行的 contexlib.contextmanager 來打造一個與資料庫連線的物件，透過這個方式建立聯方式，讓我們可以在其他函式當中使用 with 來進行呼叫，這對資料庫連線特別有用，可以在 with 區塊結束後自動回到 "get_mongo_vectorstore()" 當中並執行第 28 行的關閉資料庫連線的動作。

而在第 3～13 的部分可以看到，我們花了一點區塊來設定一些有關金鑰的讀取，至於實際建立 VectorStore 物件的區塊則在 15～26 行。

```
1.  @contextlib.contextmanager
2.  def get_mongo_vectorstore() → MongoDBAtlasVectorSearch:
3.      if os.getenv("MONGODB_URI") is None:
4.          secret_file = pathlib.Path(__file__).parent / ".streamlit" / "secrets.toml"
5.          with open(secret_file, "rb") as f:
6.              config = tomllib.load(f)
7.          os.environ["MONGODB_URI"] = config["MONGODB_URI"]
8.
9.      if os.getenv("OPENAI_API_KEY") is None:
10.         secret_file = pathlib.Path(__file__).parent / ".streamlit" / "secrets.toml"
11.         with open(secret_file, "rb") as f:
12.             config = tomllib.load(f)
13.         os.environ["OPENAI_API_KEY"] = config["OPENAI_API_KEY"]
14.
15.     client = MongoClient(host=os.getenv("MONGODB_URI"))
16.     try:
17.         database = Database(client, name="MediGuide")
18.         vectorstore = MongoDBAtlasVectorSearch(
19.             collection=Collection(database, name="Symptom"),
```

```
20.            embedding=OpenAIEmbeddings(model="text-
   embedding-3-small"),
21.            index_name="default",
22.            embedding_key="question_embeddings",
23.            text_key="question"
24.        )
25.
26.        yield vectorstore
27.    finally:
28.        client.close()
```

到這邊,就是我們所有在爬文以及寫入資料時會使用到的程式碼了,我們可以回到 "crawlers.py" 當中直接按下右鍵執行這段程式碼,然後等待一段時間後,就會慢慢有資料寫入囉!下一個小節我們將會介紹該如何撰寫查詢與串接 LLM 對話的模組!而在進入下一個小節之前,也同樣附上目前所有的 "utils.py" 給各位讀者參考!

```
1.  import os
2.  import tomllib
3.  import pathlib
4.  import contextlib
5.
6.  from typing import List
7.  from pymongo.database import Database
8.  from pymongo.collection import Collection
9.  from pymongo.mongo_client import MongoClient
10. from langchain_openai import OpenAIEmbeddings
11. from langchain_core.documents import Document
12. from langchain_mongodb.vectorstores import
    MongoDBAtlasVectorSearch
13.
14.
```

```
15. @contextlib.contextmanager
16. def get_mongo_vectorstore() -> MongoDBAtlasVectorSearch:
17.     if os.getenv("MONGODB_URI") is None:
18.         secret_file = pathlib.Path(__file__).parent / ".streamlit" / "secrets.toml"
19.         with open(secret_file, "rb") as f:
20.             config = tomllib.load(f)
21.         os.environ["MONGODB_URI"] = config["MONGODB_URI"]
22.
23.     if os.getenv("OPENAI_API_KEY") is None:
24.         secret_file = pathlib.Path(__file__).parent / ".streamlit" / "secrets.toml"
25.         with open(secret_file, "rb") as f:
26.             config = tomllib.load(f)
27.         os.environ["OPENAI_API_KEY"] = config["OPENAI_API_KEY"]
28.
29.     client = MongoClient(host=os.getenv("MONGODB_URI"))
30.     try:
31.         database = Database(client, name="MediGuide")
32.         vectorstore = MongoDBAtlasVectorSearch(
33.             collection=Collection(database, name="Symptom"),
34.             embedding=OpenAIEmbeddings(model="text-embedding-3-small"),
35.             index_name="default",
36.             embedding_key="question_embeddings",
37.             text_key="question"
38.         )
39.
40.         yield vectorstore
41.     finally:
42.         client.close()
```

```
43.
44.
45. def insert_symptom_subject_datas(datas: List[dict]):
46.     with get_mongo_vectorstore() as vectorstore:
47.         documents = []
48.         for data in datas:
49.             if vectorstore.collection.find_one({"subject_id": data["subject_id"]}):
50.                 continue
51.
52.             documents.append(Document(
53.                 page_content=data.pop("question"),
54.                 metadata=data
55.             ))
56.
57.         vectorstore.add_documents(documents, batch_size=100)
```

4-3 設計查詢與對話模組

在這個小節當中，我們要透過 LangChain 當中內建的 RetrievalQA 物件來快速建立一個問答函式，這部分的程式碼我們可以建立一個新的 "chains.py" 檔案來保存，用來與其他程式碼區隔。

下面這段程式碼當中，可以看到在第 7～26 行的部分我們先透過 PromptTemplate 建立一個簡易的 Prompt 指令，內容中有規範了一些 LLM 在回答時要注意的事項，例如語言、格式、不要使用專有名詞的等等，讓 LLM 的回答可以更加貼近我們的需求，至於在第 12 行的 markdown 格式，則是會在下一小節會提到，原因是 Streamlit 在顯示的區塊有支援 markdown 的顯示，可以讓結果更加精美。

```
1.  from langchain_openai import ChatOpenAI
2.  from langchain_core.prompts import PromptTemplate
3.  from utils import get_mongo_vectorstore
4.  from langchain.chains.retrieval_qa.base import RetrievalQA
5.
6.  def get_suggestion_chain(question: str):
7.      prompt = PromptTemplate.from_template(
8.          """
9.          你是一位專業的醫生，請根據下列症狀資訊，彙整出一段簡短的醫學建議，回答過程請符合下列規範：
10.         - 請使用繁體中文回答。
11.         - 字數請控制在 300 字以內。
12.         - 請使用 markdown 格式回答，但不需要標題。
13.         - 請使用簡單的語言讓患者能夠理解，不要有任何專有名詞或英文縮寫。
14.         - 請針對患者的症狀進行詳細的描述，並提供可能的診斷和建議。
15.         - 請避免洩漏參考資料中的患者、醫生的個人資訊。
16.         - 請優先考慮參考資料中的症狀，並給予建議。
17.         - 如果參考資料都不適合患者的症狀，請告訴患者，目前沒有相對應的參考資料，並給予你的建議。
18.         - 如果患者的提問與疾病、症狀無關，你可以依照患者的提問回答。
19.
20.         參考資料：
21.         {context}
22.
23.         患者提問：
```

```
24.         {question}
25.         """
26.     )
27.
28.     with get_mongo_vectorstore() as vectorstore:
29.         chain = RetrievalQA.from_chain_type(
30.             llm=ChatOpenAI(model="gpt-4o", temperature=0),
31.             retriever=vectorstore.as_retriever(search_
    kwargs={"k": 3}),
32.             return_source_documents=True,
33.             chain_type_kwargs={"prompt": prompt},
34.         )
35.
36.         return chain.invoke({"query": question})
```

在寫完這個函式之後，我們可以透過下面這段程式碼來快速測試一下有沒有問題，你可以將這段程式繼續寫在"chains.py"當中。

> **Tips**
>
> pprint 的主要用途在於美化輸出，不想用的話也可以單純使用 print 即可！

```
1.  if __name__ == '__main__':
2.      from pprint import pprint
3.      pprint(get_suggestion_chain("覺得噁心該怎麼辦？"))
```

在執行完這段程式碼後，應該要可以得到類似於下面這些結果，其中 query 欄位表示使用者原本輸入的問題、result 則是 LLM 給的回答，至於 source_documents 則為 LancChain 透過 VectorStore 物件讀取出來的內容並協助我們轉化為 Document 型態。

```
{'query': '覺得噁心該怎麼辦？',
 'result': '根據您描述的症狀，噁心感可能與胃酸逆流或消化系統問題…。',
 'source_documents': [Document(…), Document(…),
Document(…)]}
```

測試完後整個 RAG 的過程沒有問題之後，就可以進入後面的內容，接下來的兩個小節，會帶領各位讀者透過 Streamlit 將整個站台打造出來！

4-4 設計前台頁面

這個小節我們會將站台全部功能打再出來，而在下一個小節我們會將對話功能以及對話紀錄的功能也一併加入，再開始撰寫程式前請各位讀者記得建立一個新的 python 檔案，由於這算是這個站台主要的程式碼，因此建議各位讀者可以將這個 python 檔案命名為 "main.py"，建立完成後就讓我們來看一下下面這段程式碼。

在這段程式碼當中，會先帶領各位將整個站台左側的 sidebar 打造出來，這個部分主要用於提供使用者輸入姓名、出生年月日、血型、身分證字號等個人資料的區塊，以及放置一些系統說明還有警語的部分。

其中在第 4～5 行的部分，我們先設定 session_state 當中的內容，將一個空的 history 欄位設定進去，方便下一小節我們進行對話紀錄的調用，session_state 是一個前台的技術，用於保存使用者當前連線中的一些相關資訊，當使用者離開網站或是重新整理，內容就會消失。

而在第 11～20 行可以看到，這邊是針對一些簡單的個人資料建立輸入區塊，當使用者輸入後就會分別儲存到對應的參數，分別有 name、id_number、birthday 以及 blood_type，由前到後各字帶表著姓名、身分證字號、出生年月日以及血型。

```
1.   import streamlit as st
2.   from datetime import date
3.
4.   if 'history' not in st.session_state:
5.       st.session_state['history'] = []
6.
7.   st.set_page_config(page_title="智慧問診機器人", page_icon="🩺")
8.
9.   with st.sidebar:
10.      st.header("📝 基本資料填寫")
11.      name = st.text_input("姓名", value=st.session_state.get("name", ""))
12.      id_number = st.text_input("身分證字號", value=st.session_state.get("id_number", ""))
13.      birthday = st.date_input(
14.          "出生年月日", value=st.session_state.get("birthday", "today"),
15.          min_value="1900-01-01", max_value=date.today()
16.      )
17.      blood_type = st.selectbox(
18.          "血型", ["", "A", "B", "AB", "O"],
19.          index=["", "A", "B", "AB", "O"].index(st.session_state.get("blood_type", ""))
20.      )
21.
22.      st.markdown("---")
23.      st.caption("※ 本頁面僅作為展示用途，資料不會被儲存。")
24.      st.caption("※ 本站台資料來源為 "衛生福利部 - 台灣 e 院"，https://sp1.hso.mohw.gov.tw/doctor/ 。")
25.      st.caption("※ 目前支援問診的科別為 肝膽腸胃科、皮膚科、耳鼻喉科，未來會視情況進行擴充。")
```

4-4 設計前台頁面

> **Tips**
> 透過在終端機輸入 "streamlit run main.py" 就可以執行 streamlit 並自動打開站台了！

執行完上面這段程式碼後，應該要可以看到如圖 4-13 所示的畫面，如果有成功看到這個畫面，就表示我們成功將 sidebar 的區塊建立完成。

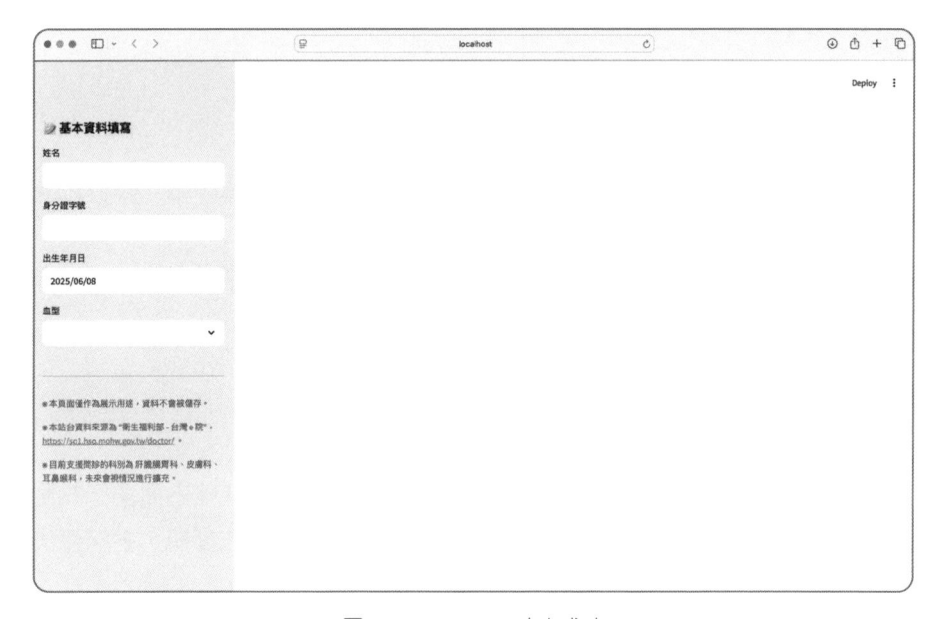

圖 4-13　sidebar 建立成功

接著我們要來打造問答區塊，讓我們接著剛剛的程式碼繼續往下寫，下面這段程式碼當中的功能尚未串接 RAG 的函式，只有一問一答並且針對是否輸入個資做簡易的判斷。

可以看到在第 26 ～ 28 行的部分先進行區塊的 title 設定，並且再度打上一些警語，告訴使用者這並非專業的醫療網站，避免觸犯相關法律。接著在第 31 行透過 st.chat_input 的方式建立一個對話型態的輸入框。

04 智慧問診機器人實作演練

另外，可以看到在第 32～40 行透過 st.chat_message() 搭配指定角色來區別不同的對話內容，預設有 user 以及 ai 這兩個角色可以使用。

```
26.    # 問診區塊
27.    st.title("智慧問診機器人 🩺")
28.    st.markdown("🔔 ** 提醒 **：本網站僅為問診輔助原型，請勿作為醫療
       診斷依據，如有身體不適請洽專業醫師。")
29.
30.    # 問診輸入區
31.    if question := st.chat_input(" 請輸入您的訊息 ..."):
32.        with st.chat_message("user"):
33.            st.write(question)
34.
35.        if not all([name, id_number, birthday, blood_type]):
36.            with st.chat_message("ai"):
37.                st.write(" 請先填寫基本資料，再進行問答！")
38.        else:
39.            with st.chat_message("ai"):
40.                st.write(" 正在處理您的問題 ...")
```

撰寫完成後，也同樣讓我們執行看看，可以看到執行起來之後畫面多了右側的問答區塊，並且當我們在沒有輸入個資的情況下直接先去提問，系統會成功跳出如圖 4-14 所示的「請先填寫基本資料，再進行問答！」的提示字樣。

圖 4-14　尚未填寫個資問答

接著讓我們測試看看如果將所有個資都填寫完畢，是否可以正確出現如圖 4-15 所示的「正在處理您的問題」的提示訊息。另外，在這個過程中各位讀者應該可以發現，每次提問時都會把上一次的對話紀錄洗掉，這是因為我們還沒有實作連續問答的部分，下一小節我們會將這個內容補齊。

04 智慧問診機器人實作演練

圖 4-15 填寫個資後的問答

接著我們來把剛剛撰寫在 "chains.py" 當中 RAG 程式碼串接進來，這段程式碼當中。可以看到我們將原本的「正在處理您的訊息」的程式碼，替換成先去呼叫 "chains.get_suggestion_chain()" 並將使用者的問題傳遞進去，最後在第 12 行的時候透過 "st.markdown()" 將 LLM 的結果呈現到前台當中。

```
1.   # 問診輸入區
2.   if question := st.chat_input("請輸入您的訊息..."):
3.       with st.chat_message("user"):
4.           st.write(question)
5.
6.       if not all([name, id_number, birthday, blood_type]):
7.           with st.chat_message("ai"):
8.               st.write("請先填寫基本資料，再進行問答！")
9.       else:
10.          suggestion = chains.get_suggestion_chain(question=question)
```

```
11.        with st.chat_message("ai"):
12.            st.markdown(suggestion.get("result"))
```

串接完成後，我們可以依照當前的資料庫當中有的資料，來試著進行問答看看，如果出現如圖 4-16 所示的畫面，表示我們已經初步的將完整的 RAG 流程串接到站台上，並且可以實際進行問答了！

圖 4-16　串接 RAG 成功問答

到這邊為止站台中的幾本功能都已經完成了，接下來我們要讓站台用起來更加順手的話，要實作對話紀錄功能以及問診紀錄區塊，這部分會在下一個小節帶領各位讀者完成！

4-5 建立對話紀錄

這個小節我們會透過將對話紀錄保存進 session_state 當中來達到對話紀錄的效果，透過者種方式我們可以讓使用者在進入問答頁面的時候可以翻閱過去問答的歷史紀錄，讓使用者可以回憶一下前面問過什麼樣的問題。

接下來的內容當中，我們會在 "utlis.py" 當中建立兩個函式，分別是 "write_history()" 以及 "set_chat_message()"。讓我們先來看看 "set_chat_message()" 的部分。

在 "set_chat_message()" 這個函式當中一共需要接收三個參數，分別是 role、content 以及 references，其中 role 及 content 是用來保存對話的角色以及其對應的輸入及回答內容，至於 references 的部分則是當角色為 ai 時，會連帶保存從 MongoDB 當中透過 RAG 流程所搜尋出來的參考內文的醫生解答，也就是爬文爬下來的 answer 欄位。這個部分我們會在下一小節實作問診紀錄區塊時使用到。

而在程式碼當中的第 4 ～ 11 行的用途為，當 AI 接到訊息時，會馬上將收到的訊息透過打字的方式逐字呈現，而 12 ～ 14 行則是會顯示使用者所提問的訊息，可以理解成將原本的 "st.chat_message" 移動至這個函式當中實作。

至於第 16 ～ 20 行則是依照角色將每行對話分別存入 session_state 當中，接著再透過剛剛有提到的 "write_history()" 函式來呈現。

```
1.   Import streamlit as st
2.
3.   def set_chat_message(role, content, references=None):
4.       if role == "ai":
5.           with st.chat_message("ai"):
```

```
6.            placeholder = st.empty()
7.            text = ""
8.            for char in content:
9.                text += char
10.               placeholder.markdown(text)
11.               time.sleep(0.02)   # 控制文字跳出速度（越小越快）
12.       else:
13.           with st.chat_message(role):
14.               st.write(content)
15.
16.       st.session_state['history'].append({
17.           "role": role,
18.           "content": content,
19.           "references": references
20.       })
```

實作完 "set_chat_message()" 後，我們接著來實作 "write_history()"，這個部分其實就是簡單的三行，目的在於透過讀取 session_state 並將結果再透過 st.chat_message 印出，讓我們看一下下面這段程式。

```
1.  def write_history():
2.      for message in st.session_state['history']:
3.          with st.chat_message(message['role']):
4.              st.write(message['content'])
```

將上面兩段程式碼都實作完並保存在 "utils.py" 當中後，我們回到 "main.py" 當中來修改問診紀錄區塊的內容，讓我們看一下修改後的程式碼會長怎樣。

> **Tips**
> 記得在程式碼的最上方透過 "import utils" 來引入 "utils.py"！

04 智慧問診機器人實作演練

在第 4 行的部分我們透過呼叫 "utils.write_history()" 來讀取 session_state 當中的內容並呈現對話紀錄於畫面中,這樣每當 streamlit 偵測到使用者有任何新動作的時候,就可以協助我們刷新頁面並呈現對話紀錄。

接著在第 7 ～ 26 行的部分將原本的 st.chat_message 的相關內容都抽換成 "utils.set_chat_message" 來呈現對話紀錄並將紀錄塞入 session_state 當中。其中第 18 ～ 23 行的部分,可以看到我們透過讀取 suggestion 當中的內容,將所需要的資料轉換為一個串列,並作為 references 一併透過 "set_chat_message" 塞入 session_state 當中,忘記為什麼要這樣寫的讀者,可以往前翻一下前面有關透過 LangChain 當中內建的 RetrievalQA 物件建立的 RAG 流程的步驟來複習。

```
1.    # 問診區塊
2.    st.title("智慧問診機器人 🩺")
3.    st.markdown("🔔** 提醒 **:本網站僅為問診輔助原型,請勿作為醫療診斷依據,如有身體不適請洽專業醫師。")
4.    utils.write_history()
5.
6.    # 問診輸入區
7.    if question := st.chat_input("請輸入您的訊息..."):
8.        utils.set_chat_message("user", question)
9.
10.       if not all([name, id_number, birthday, blood_type]):
11.           utils.set_chat_message("ai", "請先填寫基本資料,再進行問答!")
12.       else:
13.           try:
14.               suggestion = chains.get_suggestion_chain(question=question)
15.               utils.set_chat_message(
16.                   "ai",
17.                   suggestion.get("result"),
18.                   [{"_id": document.metadata.get("_id"),
```

4-40

```
19.                    "department": document.metadata.get
    ("department"),
20.                    "symptom": document.metadata.get
    ("symptom"),
21.                    "answer": document.metadata.get
    ("answer"),
22.                    "question": document.page_content,
23.                } for document in suggestion.get
    ("source_documents", [])])
24.        except Exception as e:
25.            print(e)
26.            utils.set_chat_message("ai", " 很抱歉，目前無法
    回答您的問題，請稍後再試或通知管理人員。")
```

在實作完這段程式碼後，我們回到剛剛透過"streamlit run main.py"開啟的網頁並且連續提問兩個問題，觀察網頁是否可以將所有兩個問題的對話正確呈現，如果成功的話應該會出現如圖 4-17 所示的效果。

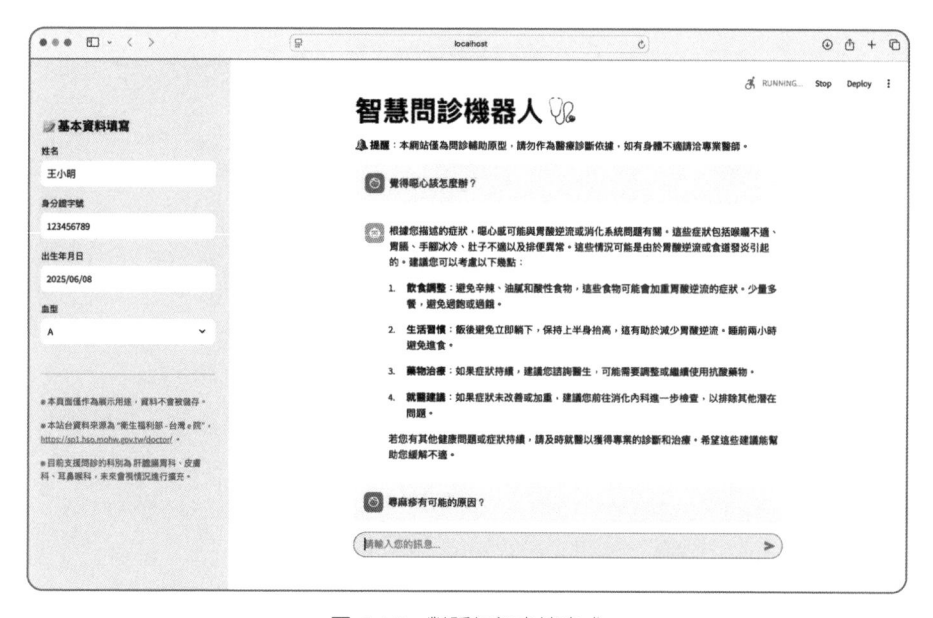

圖 4-17　對話紀錄串接完成

4-6 建立問診紀錄區塊

最後來到問診紀錄的區塊，讓我們假設一個情況，當今天患者在詢問完自己的症狀後，仍舊覺得需要就醫，或是醫生再接收完使用者的症狀並輸入這個系統後，需要調閱參考資料來驗證回答是否正確，這時候我們就需要將剛剛透過 RAG 流程所查到的參考資料放入前台當中讓使用者可以進行參考。

下面這段程式碼的主要功能，就是希望可以在問題輸入框之前，透過讀取**最後一筆**對話紀錄，來彙整出所有的參考資料方便後續的分析、使用等等的流程。

可以看到當今天判斷到使用者在有輸入完個資並且正確進行問答流程後，就會開始進入問診紀錄撰寫的步驟，我們透過 st.expander 的方式來建立一個可以被展開及關閉的一個小區塊，在這個區塊當中會使用第 4 ～ 8 行的內容來呈現使用者的個人資料，第 10 ～ 13 行的內容來呈現使用者的提問以及 LLM 的回答，最後使用第 15 ～ 24 行來將每一筆參考資料印出。

```
1.  # 顯示問診摘要
2.  if st.session_state['history'] and not st.session_state['history'][-1]['content'] == "請先填寫基本資料，再進行問答！":
3.      with st.expander("📋 問診結果"):
4.          st.subheader("👤 使用者資料")
5.          st.write(f"** 姓名 **:{name or '（未填寫）'}")
6.          st.write(f"** 身分證字號 **:{id_number or '（未填寫）'}")
7.          st.write(f"** 出生年月日 **:{birthday.strftime('%Y-%m-%d')}")
8.          st.write(f"** 血型 **:{blood_type}")
```

4-42

```
9.
10.        st.subheader("💬 問診對話")
11.        for msg in st.session_state['history'][-2:]:
12.            speaker = "使用者" if msg['role'] == "user"
   else "機器人"
13.            st.markdown(f"**{speaker}:** {msg
   ['content']}")
14.
15.        if st.session_state['history'][-1].get
   ('references'):
16.            st.subheader("📄 參考資料")
17.            for reference in st.session_state['history']
   [-1]['references']:
18.                st.markdown(f"- **_id**:{reference['_id']
   }")
19.                st.markdown(f"- **症狀分類**:{reference
   ['department']} / {reference['symptom']}")
20.                st.markdown(f"- **患者主訴**:")
21.                st.markdown(f"{reference['question']}")
22.                st.markdown(f"- **醫師回覆**:")
23.                st.markdown(f"{reference['answer'].
   replace('回覆', '')}")
24.                st.write("---")
```

讓我們把這段程式碼添加到 "main.py" 當中的最後面並重新執行 "streamlit run main.py" 來開啟站台。開啟站台後記得輸入個資然後進行提問，應該就可以看到如圖 4-18 所示的效果，在站台中長出一個問診紀錄區塊，並且這個區塊可以進行開合，且開啟後有分別呈現使用者個人資料、問診紀錄以及參考資料這三個區塊。

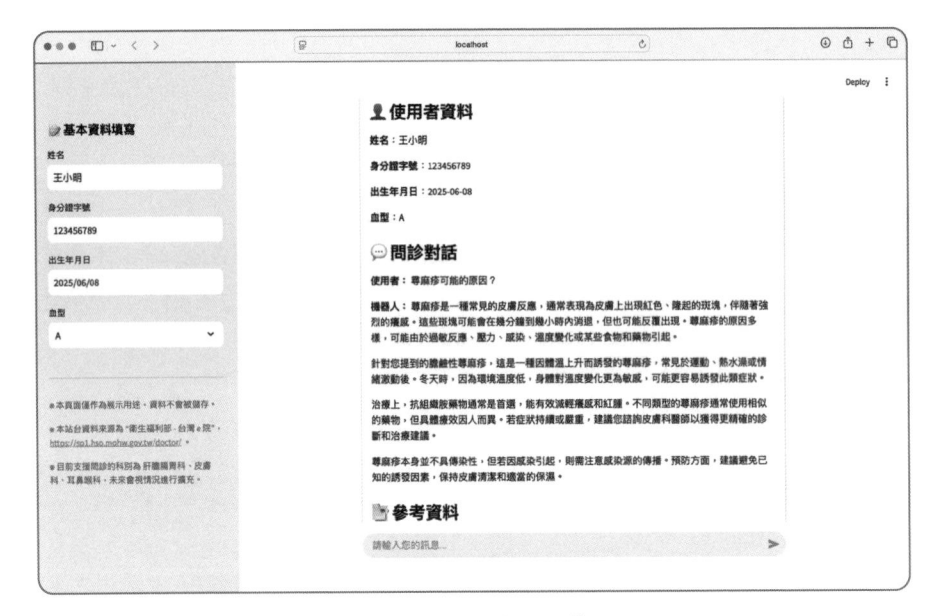

圖 4-18　問診結果區塊

到這邊為止，我們所規劃的站台功能就全部建立完成，在這個章節的最後同樣附上"main.py"的所有程式碼給各位讀者參考，如果需要複製的話，也可以直接前往 https://github.com/nickchen1998/Mediguide/blob/main/main.py 進行複製喔！

```
1.  import utils
2.  import chains
3.  import streamlit as st
4.  from datetime import date
5.
6.  if 'history' not in st.session_state:
7.      st.session_state['history'] = []
8.
9.  st.set_page_config(page_title=" 智慧問診機器人 ", page_icon=
    "🩺")
10.
11. with st.sidebar:
```

```
12.        st.header("📝 基本資料填寫")
13.        name = st.text_input("姓名", value=st.session_state.
    get("name", ""))
14.        id_number = st.text_input("身分證字號", value=st.
    session_state.get("id_number", ""))
15.        birthday = st.date_input(
16.            "出生年月日", value=st.session_state.get
    ("birthday", "today"),
17.            min_value="1900-01-01", max_value=date.today()
18.        )
19.        blood_type = st.selectbox(
20.            "血型", ["", "A", "B", "AB", "O"],
21.            index=["", "A", "B", "AB", "O"].index(st.session_
    state.get("blood_type", ""))
22.        )
23.
24.        st.markdown("---")
25.        st.caption("※ 本頁面僅作為展示用途，資料不會被儲存。")
26.        st.caption("※ 本站台資料來源為 "衛生福利部 - 台灣 e 院"，
    https://sp1.hso.mohw.gov.tw/doctor/ 。")
27.        st.caption("※ 目前支援問診的科別為 肝膽腸胃科、皮膚科、
    耳鼻喉科，未來會視情況進行擴充。")
28.
29.    # 問診區塊
30.    st.title("智慧問診機器人 🩺")
31.    st.markdown("🔔 ** 提醒 **：本網站僅為問診輔助原型，請勿作為醫療
    診斷依據，如有身體不適請洽專業醫師。")
32.    utils.write_history()
33.
34.    # 問診輸入區
35.    if question := st.chat_input("請輸入您的訊息..."):
36.        utils.set_chat_message("user", question)
37.
```

```
38.     if not all([name, id_number, birthday, blood_type]):
39.         utils.set_chat_message("ai", "請先填寫基本資料，再進行問答！")
40.     else:
41.         try:
42.             suggestion = chains.get_suggestion_chain(question=question)
43.             utils.set_chat_message(
44.                 "ai",
45.                 suggestion.get("result"),
46.                 [{"_id": document.metadata.get("_id"),
47.                   "department": document.metadata.get("department"),
48.                   "symptom": document.metadata.get("symptom"),
49.                   "answer": document.metadata.get("answer"),
50.                   "question": document.page_content,
51.                 } for document in suggestion.get("source_documents", [])])
52.         except Exception as e:
53.             print(e)
54.             utils.set_chat_message("ai", "很抱歉，目前無法回答您的問題，請稍後再試或通知管理人員。")
55.
56. # 顯示問診摘要
57. if st.session_state['history'] and not st.session_state['history'][-1]['content'] == "請先填寫基本資料，再進行問答！":
58.     with st.expander("📋 問診結果"):
59.         st.subheader("👤 使用者資料")
60.         st.write(f"** 姓名 **:{name or '（未填寫）'}")
```

```
61.          st.write(f"** 身分證字號 **:{id_number or '（未填寫）
    '}")
62.          st.write(f"** 出生年月日 **:{birthday.strftime('%Y-
    %m-%d')}")
63.          st.write(f"** 血型 **:{blood_type}")
64.
65.          st.subheader("💬 問診對話 ")
66.          for msg in st.session_state['history'][-2:]:
67.              speaker = " 使用者 " if msg['role'] == "user"
    else " 機器人 "
68.              st.markdown(f"**{speaker}:** {msg['content']
    }")
69.
70.          if st.session_state['history'][-1].get
    ('references'):
71.              st.subheader("📄 參考資料 ")
72.              for reference in st.session_state['history']
    [-1]['references']:
73.                  st.markdown(f"- **_id**:{reference['_id']
    }")
74.                  st.markdown(f"- ** 症狀分類 **:{reference
    ['department']} / {reference['symptom']}")
75.                  st.markdown(f"- ** 患者主訴 **:")
76.                  st.markdown(f"{reference['question']}")
77.                  st.markdown(f"- ** 醫師回覆 **:")
78.                  st.markdown(f"{reference['answer'].
    replace(' 回覆 ', '')}")
79.                  st.write("---")
```

4-7 使用 Fly.io 部署站台

站台所有的功能都開發完成之後，接著就要來教各位讀者該如何將自己的站台上架到網路上，讓其他人也可以一起試用看看。這次要使用的服務叫做 Fly.io 它提供了一個非常簡便的方式讓我們進行服務的部署，我們可以前往 https://fly.io 這個網址，應該就可以看到如圖 4-19 所示的官方網站畫面。

圖 4-19　Fly.io 官網

在進入部署之前，先讓我們再次確認一下專案架構，如圖 4-20 所示，這是筆者目前為止專案當中所有的內容，如果想要更細部的確認，可以前往 https://github.com/nickchen1998/Mediguide 這個網址查看，有興趣的話也可以直接 clone 一份下來使用完全沒問題。

> 💡 **Tips**
> 請注意圖中所展現的目錄為筆者在進行 fly.io 部署動作以前的目錄截圖，當各位讀者看到看到這邊的時候進入這個網址時，應該會看到包含等等後續進行部署動作後所產生的檔案！

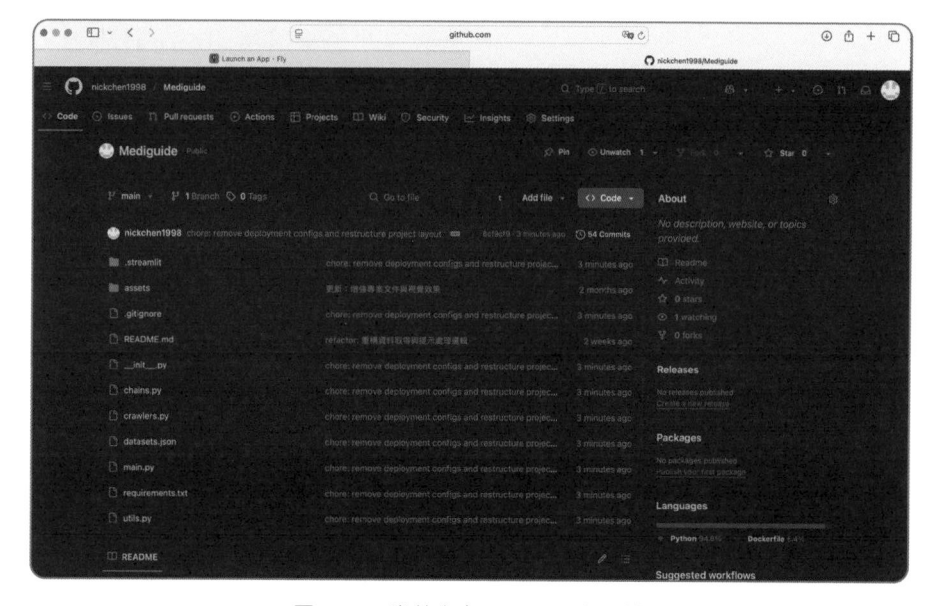

圖 4-20　當前專案 GitHub 目錄架構

接下來讓我們點選 Fly.io 官網右上角的 Sign In 按鈕來進行登入，點選後應該可以看到如圖 4-21 所示的畫面，你需要準備一個 Google 帳號或是 GitHub 帳號，或是其餘的 Email 也可以，筆者這邊建議使用 Google 帳號進行登入會比較方便。

4-49

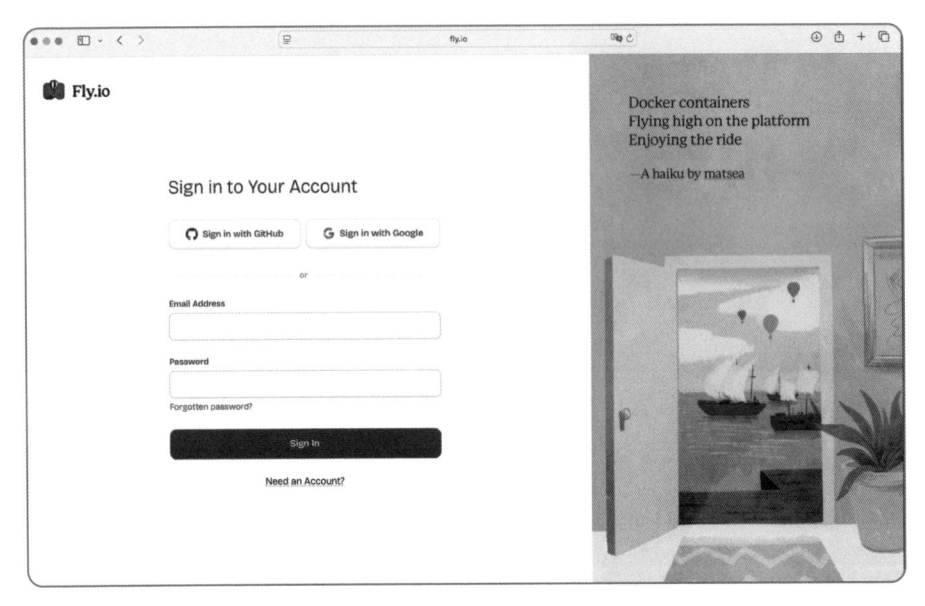

圖 4-21　Fly.io 登入畫面

登入成功後應該會自動跳轉到如圖 4-22 所示的畫面，這個畫面是 Fly.io 的個人儀表板畫面，會列出使用者所有的服務以及其他功能。

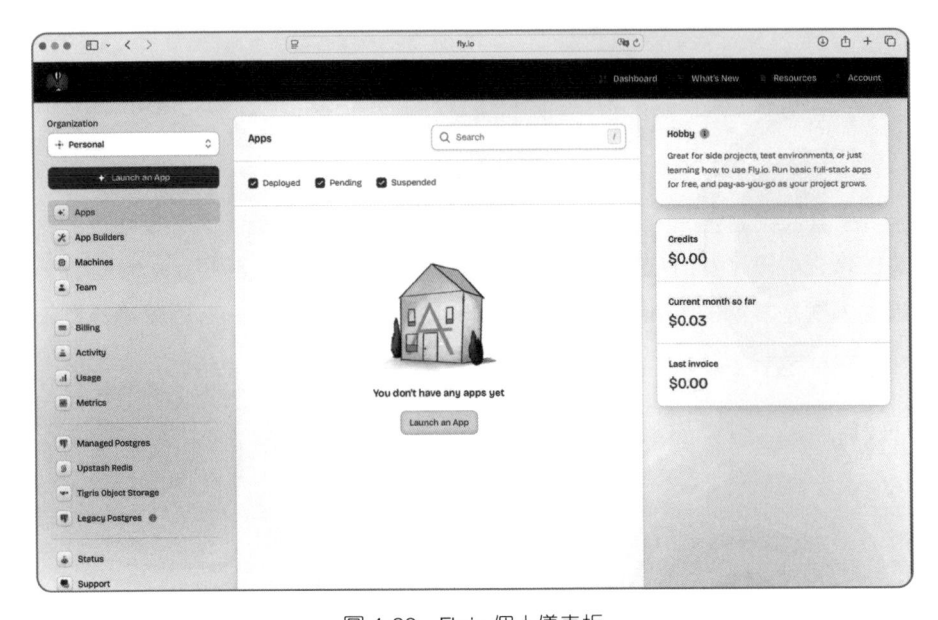

圖 4-22　Fly.io 個人儀表板

如果你還沒有部署任何服務的話，應該會出現像筆者一樣的畫面，這個時候你可以點選畫面中央的〔Launch an App〕按鈕，應該就會跳轉到如圖 4-23 所示的畫面。

> **Tips**
>
> 跳轉後請記得選擇右手邊的標籤〔Launch from your machine〕才會出現圖中的畫面，另外若讀者使用的是 Windows 系統則會依照對應的系統跳出安裝步驟，請按照順序執行到 "fly launch" 這個指令之前！

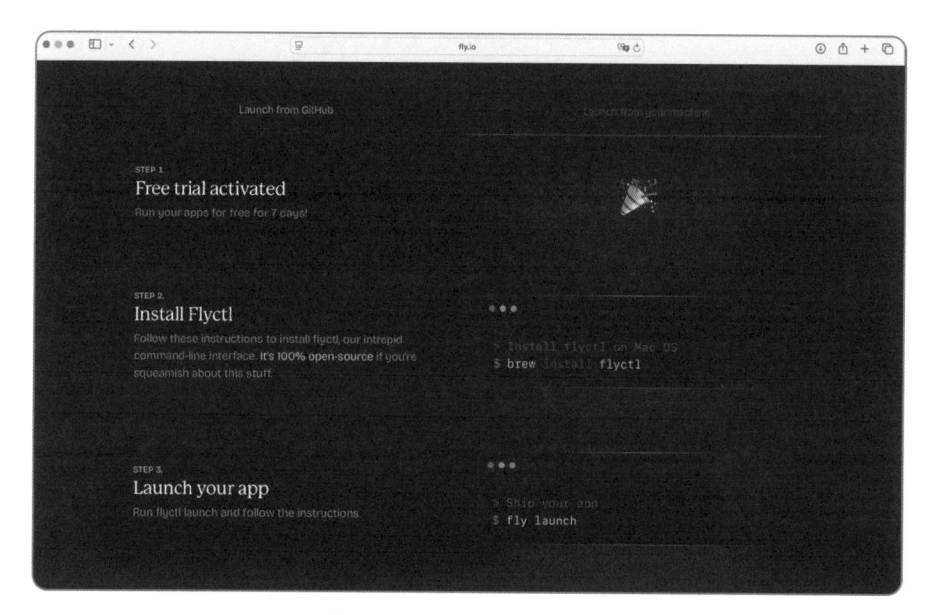

圖 4-23　Fly.io 部署工具安裝

進入這個畫面之後，你就可以看到這個畫面有詳細告訴你該如何進行 Fly.io 部署工具的安裝，以 MAC 為例，在 Step2 當中有提到我們可以使用 "brew install flyctl" 這個指令來進行工具安裝。

> **Tips**
>
> 在第二章節的時候有提到該如何安裝 Homebrew 套件，brew 這個指令指的就是 Homebrew！

安裝成功後，就可以回到專案當中執行 "fly launch" 這個指令來開始進行服務的部署。執行之後應該會看到你的終端機開始進行部署流程並且會先停在 "Do you want to tweak these settings before proceeding? (y/N)" 這個步驟當中，**這個時候我們就先輸入 "N"** 來採用 Fly.io 替我們建立好的預設腳本。

> **Tips**
>
> 進入專案後的終端機需要重新開一個才可以正常值行 "fly" 相關指令喔！

```
(venv) nickchen@nick MediGuide % fly launch
Scanning source code
INFO Detected requirements.txt
Detected a Streamlit app
Creating app in /Users/nickchen/PycharmProjects/MediGuide
We're about to launch your Streamlit app on Fly.io. Here's
what you're getting:

Organization: nickchen1998            (fly launch defaults
to the personal org)
Name:         mediguide               (derived from your
directory name)
Region:       San Jose, California (US) (this is the fastest
region for you)
```

```
App Machines: shared-cpu-1x, 1GB RAM     (most apps need about
1GB of RAM)
Postgres:      <none>                    (not requested)
Redis:         <none>                    (not requested)
Tigris:        <none>                    (not requested)

? Do you want to tweak these settings before proceeding? (y/N)
```

輸入 "N" 之後應該就可以看到我們的服務繼續開始進行部署，也可以看到如圖 4-24 所示的目錄架構，Fly.io 替我們在目錄當中撰寫了一些設定檔，例如："fly.toml"、"Dockerfile"，這些都是 Fly.io 在進行部署的時候會使用到的檔案。

> **Tips**
> 首次執行應該會需要等好一陣子，視網路情況而定！

圖 4-24　執行 Fly.io 部署指令後的目錄架構

04 智慧問診機器人實作演練

當你看到你的命令執行完畢並且出現 "Visit your newly deployed app at https://mediguide.fly.dev/" 的類似字樣後，就表示我們部署成功了！但是到這邊為止可能有些人會訪問這個網址後，會看到一個如圖 4-25 所示空白的畫面。

圖 4-25　空白 streamlit 畫面

這是因為不一定每次 Fly.io 協助我們產生的 Dockerfile 都一定正確，因此我們可以檢查一下 Dockerfile 當中的內容是否和筆者這邊提供的內容一致，尤其是在最後一行第 15 行的部分，應該要改寫成 "CMD ["/app/.venv/bin/streamlit", "run", "main.py"]"，這樣才可以正確告知 Fly.io 在部署完成後我們要透過 streamlit 指令執行哪隻 python 檔案。

```
1.  FROM python:3.11.10 AS builder
2.
3.  ENV PYTHONUNBUFFERED=1 \
4.      PYTHONDONTWRITEBYTECODE=1
5.  WORKDIR /app
6.
```

```
7.
8.  RUN python -m venv .venv
9.  COPY requirements.txt ./
10. RUN .venv/bin/pip install -r requirements.txt
11. FROM python:3.11.10-slim
12. WORKDIR /app
13. COPY --from=builder /app/.venv .venv/
14. COPY . .
15. CMD ["/app/.venv/bin/streamlit", "run", "main.py"]
```

修改完成後,再回到終端機使用"fly deploy"指令來重新部署,在部署完成後應該可以看到如圖 4-26 所示的畫面,進入網頁等一陣子後就會跳出我們的網站,並且原本在本機啟用 streamlit 時會在右上角出現的"Deploy"字樣也消失了!

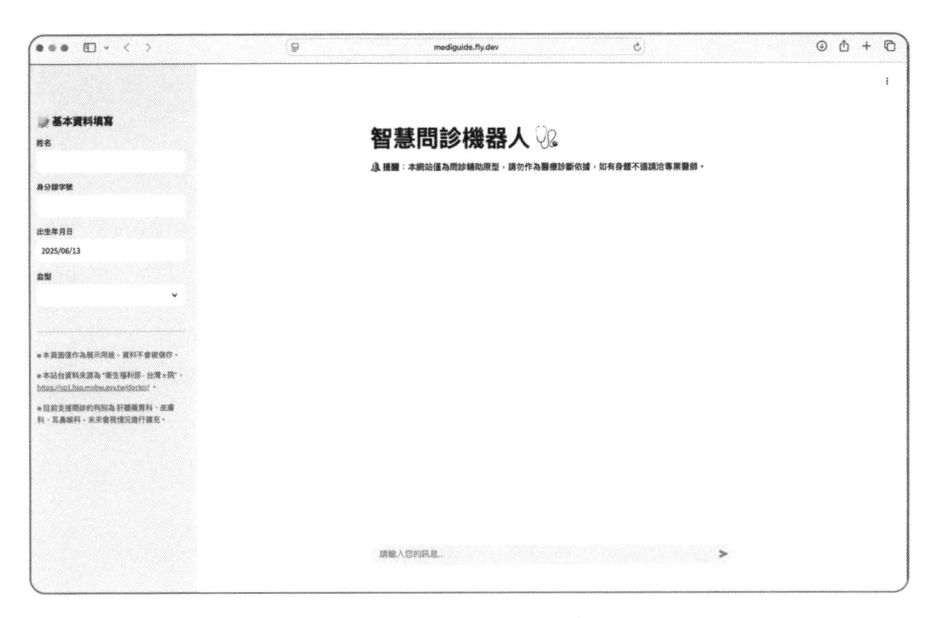

圖 4-26　成功部署 Streamlit 到 Fly.io 上

到這邊為止，我們還剩下最後一個步驟，那就是設定環境變數，我們可以回到剛剛的儀表板當中，應該可以成功看到如圖 4-27 所示的一個正在執行中的服務。

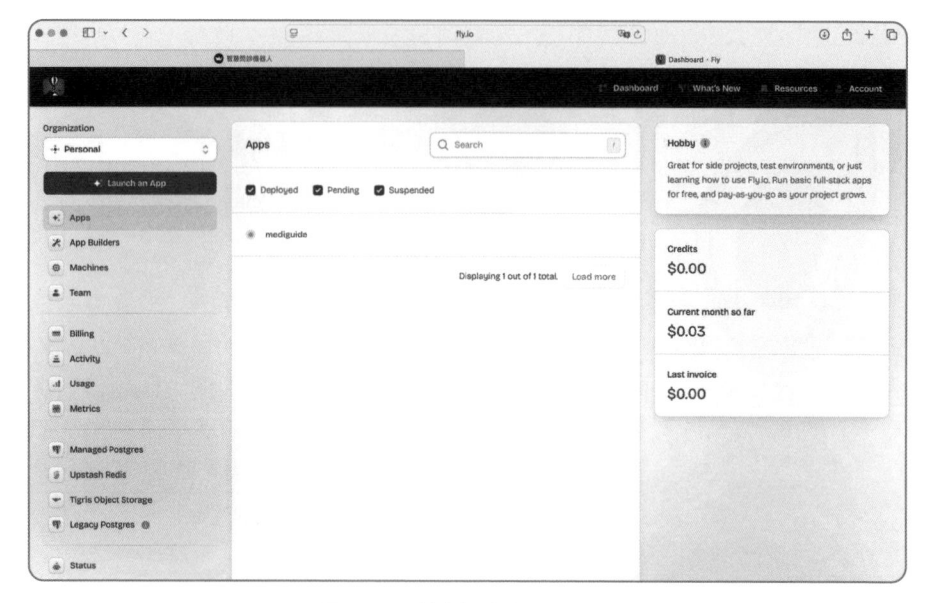

圖 4-27　儀表板成功部署服務

點選這個服務後可以進入如圖 4-28 所示的畫面，這個畫面會呈現該服務當中所有相關資訊，包含使用量、收費、機器狀態、Log 等等。

4-7　使用 Fly.io 部署站台

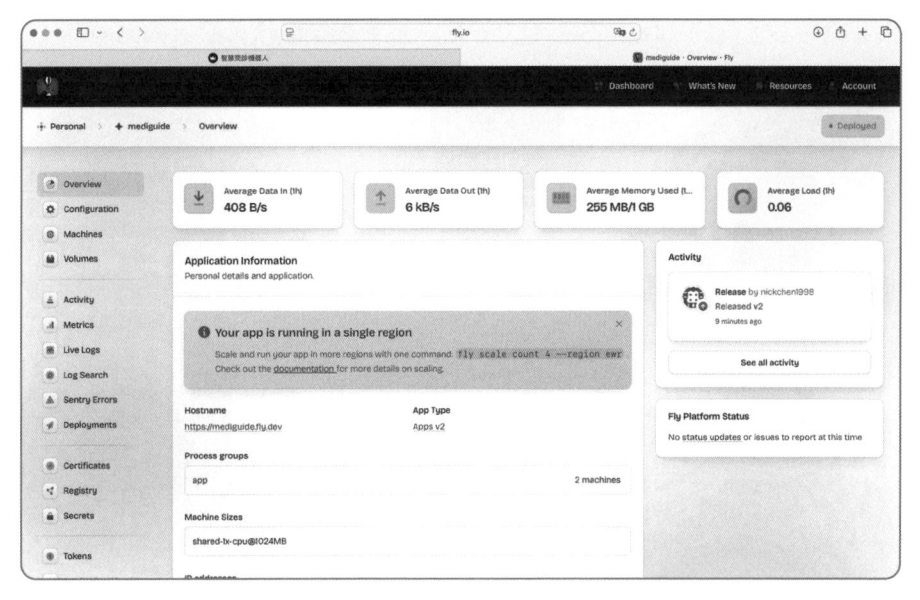

圖 4-28　服務儀表板

接著我們點選左側側邊欄當中的〔Secrets〕選項，會跳轉到如圖 4-29 所示的畫面，這邊應該會是和筆者一樣為空的。

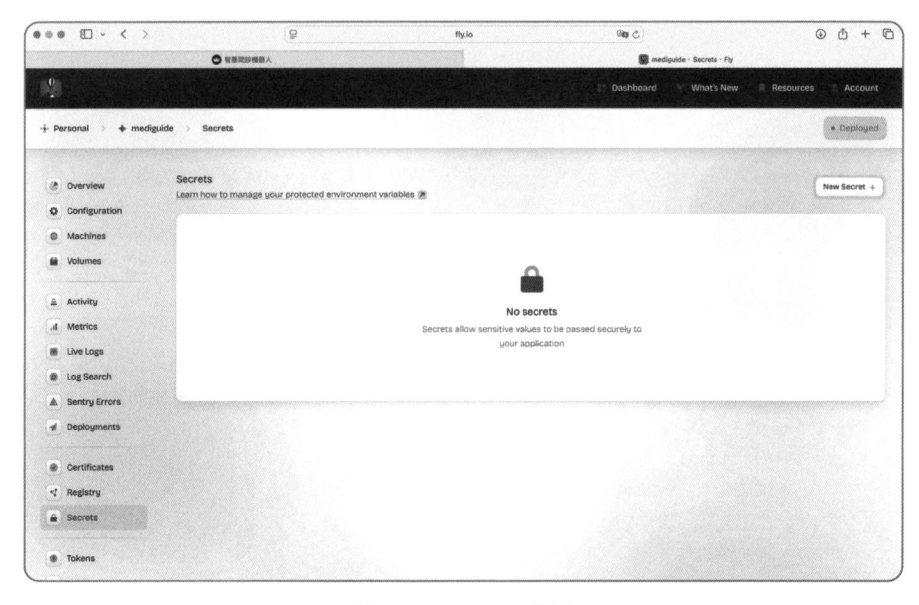

圖 4-29　Secrets 畫面

04 智慧問診機器人實作演練

接著點選右上角的〔New Secret〕按鈕，按下去後應該會跳出如圖 4-30 所示的畫面，在這個畫面當中我們可以開始建立我們的環境變數，請重複這個步驟兩次來建立 "OPENAI_API_KEY" 以及 "MONGODB_URI" 這兩個變數，並且於〔Secret〕的欄位填寫其對應的值。

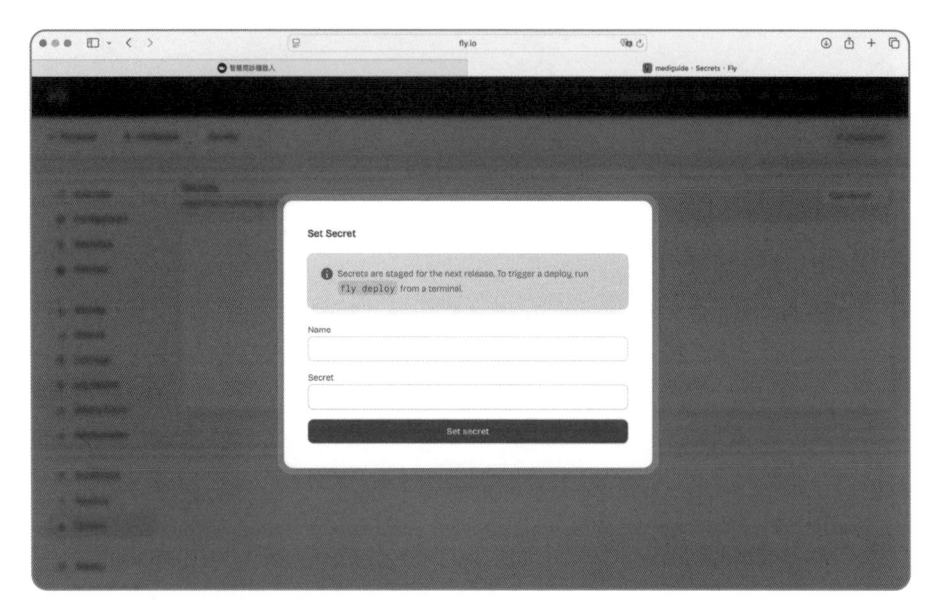

圖 4-30　填寫 Secret

建立完成之後，應該可以看到如圖 4-31 所示的畫面，會成功出現兩個 Secret。

4-7 使用 Fly.io 部署站台

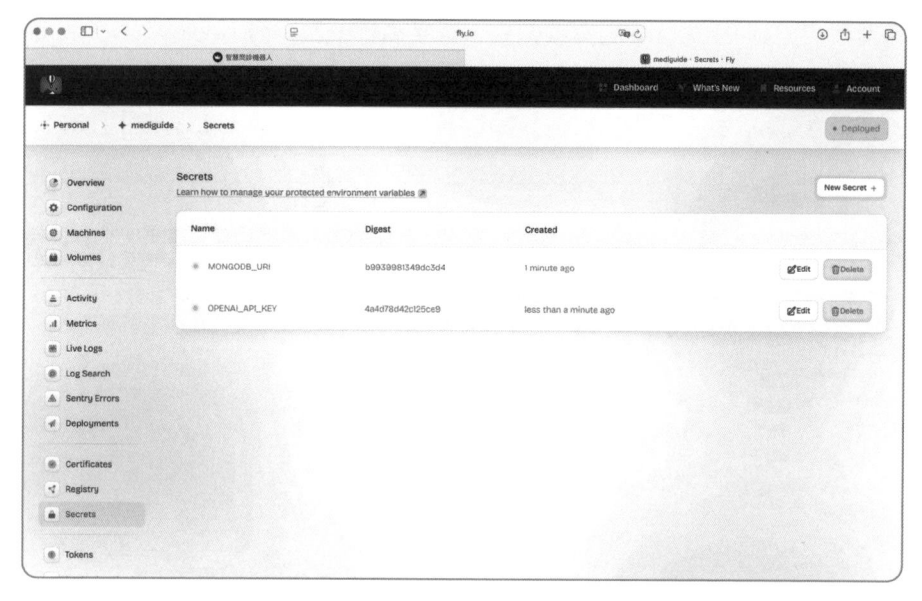

圖 4-31　成功建立 Secret

不過這時候我們將滑鼠移動到 Secret 前的狀態應該會呈現如圖 4-32 所示的資訊，告訴你這個 Secret 雖然被設定好了，但是還沒有啟用。

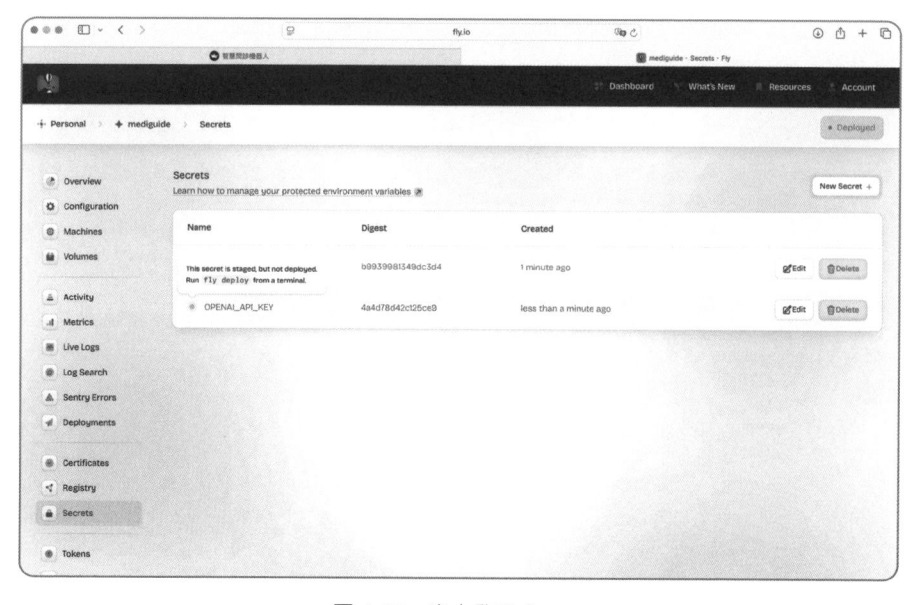

圖 4-32　尚未啟用 Secret

接著我們回到 PyCharm 的專案當中，重新執行一次 "fly deploy" 指令，等部署完成後，回來重新整理一次這個 Secret 畫面，這個時候應該就可以看到如圖 4-33 所示的畫面，兩個 Secret 前的尚未啟用符號已經消失了。

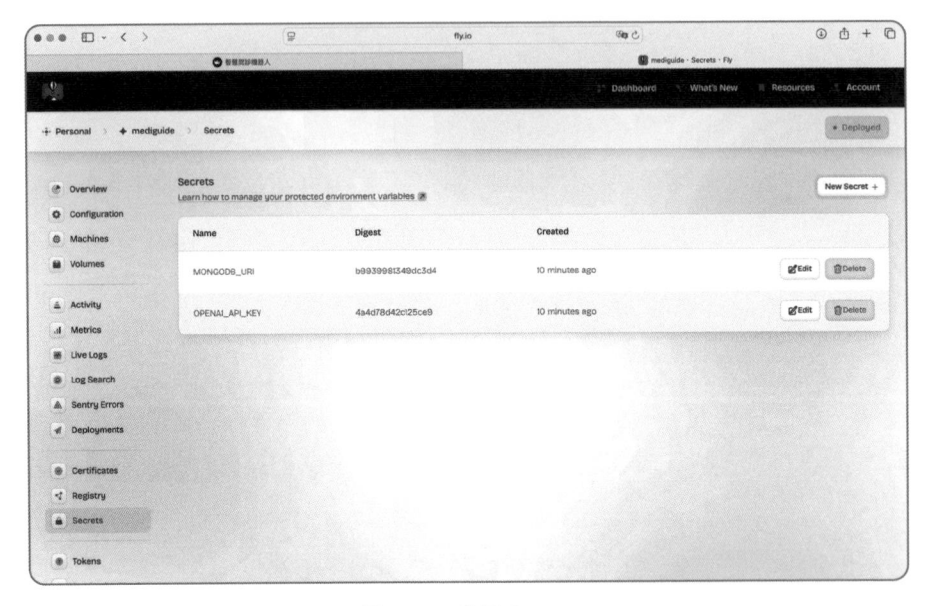

圖 4-33　啟用 Secret

確認完畢後讓我們再回到 Fly.io 替我們產生的網址當中來正常進行一次問答，來確認是否可以正確運行，看到如圖 4-34 所示的畫面的話，就表示部署成功囉！

圖 4-34　部署成功

4-8 章節回顧

在這個章節中，我們實際透過一個完整的智慧問診機器人專案，詳細演示了如何將 RAG 技術有效應用於真實的情境。首先，我們深入了解了專案的整體架構設計，明確地定義了系統各個元件的職責與互動方式，確保整個系統架構既穩健又易於維護。

接著，我們詳細說明了資料欄位的設計，清楚的指出每個欄位的用途，並且特別強調了如何結合 MongoDB Atlas 來進行高效的向量資料儲存與查詢，為後續系統的高效運作奠定了堅實的資料基礎。

此外，我們實際呈現如何透過 LangChain 設計查詢與對話模組，利用靈活且強大的 PromptTemplate 以及 Chain 結構，搭配 LLM 的強大生成能力，建構出能夠精準且具備語境理解的對話系統，有效降低了模型產生幻覺的風險。

在系統前台的部分，我們利用了 Streamlit 快速建立了一個直覺且美觀的使用者介面，讓使用者能夠輕鬆地與智慧問診機器人互動。此外，我們也特別說明了如何有效地記錄使用者的對話歷史與問診紀錄，確保系統的資料紀錄不僅清楚明確，更能夠長期追蹤與分析。

透過這個實作過程，希望各位讀者應該已經清楚掌握了如何將 RAG 與 LangChain 實際應用於醫療問診的情境當中，建立起紮實的實務能力，並為未來更複雜且多樣的專案奠定了重要的基礎。

05
智慧問診機器人實作演練

5-1 **LLM as a Judge** 利用大型語言模型對回覆進行評分

5-2 **DeepEval** 工具介紹

5-3 該如何準備 DeepEval 中的測試案例？

5-4 常用檢索評估指標：文本精確度、文本召回率與文本關聯性

5-5 常用生成評估指標：忠誠度與關聯性

5-6 自定義測試 Prompt

5-7 章節回顧

05 智慧問診機器人實作演練

檢索增強生成（RAG）系統結合了大型語言模型的生成能力與外部知識庫的檢索能力。它讓 AI 不再只憑內部記憶回答，而是能「查閱資料」，旨在提供更準確、即時且有事實依據的回答，顯著減少幻覺問題。

RAG 系統包含檢索與生成兩個重要環節。如果檢索過程未能找到相關且正確的資訊，或是模型未能有效利用檢索到的上下文，最終的回答品質仍會大打折扣。因此，評估 RAG 系統的重點不僅在於回答是否流暢，更在於確認其答案**準確無誤且忠實表述**。

學｜習｜目｜標

* 使用 DeepEval 利用 LLM 進行 RAG 系統評估
* 理解常用檢索評估指標並實作
* 理解常用生成評估指標並實作

5-1 LLM as a Judge 利用大型語言模型對回覆進行評分

當大型語言模型（LLM）展現出驚人的語言生成與理解能力，其產出的內容無論是創意寫作、程式碼，抑或是針對複雜問題的回應，都日益逼真且多樣化。這帶來一個新的挑戰：我們如何有效率且規模化地評估這些 AI 輸出的品質？傳統的人工評估方法固然能提供黃金標準，但在模型迭代速度以週、甚至以天為單位計算的今天，人工評註的速度與成本已成為顯著瓶頸。

在 AI 領域的發展中，一個既新穎又帶點反思意味的評估方式應運而生：**利用 AI 來評估 AI 的表現**。

想像一下，這就像請一位經驗豐富的資深老師來批改其他老師或助理老師的試卷，而這位資深老師本身也是一位 AI。這種方法的核心思想，是利用一個能力更強、更複雜的 LLM，去檢視、分析並評定另一個 LLM 所生成的內容優劣。這種創新的評估模式，我們稱之為「LLM as a Judge」。

為何我們需要「AI 裁判」？

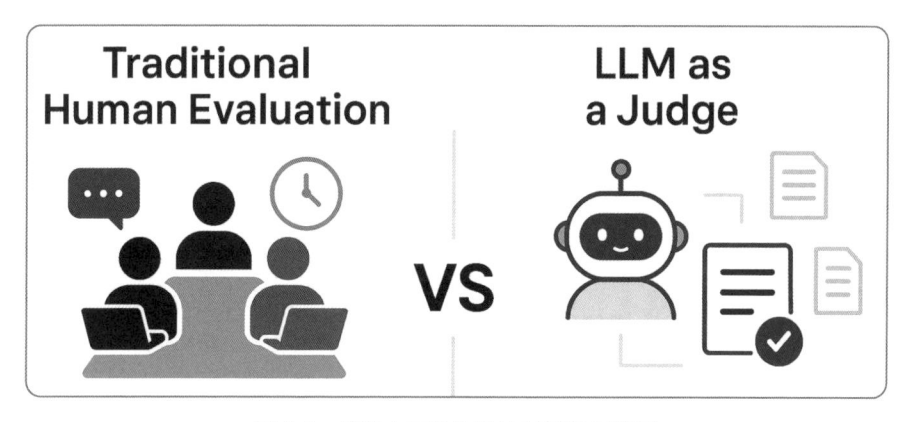

圖 5-1 傳統人工評估與 LLM 評估示意圖

回顧過往，評估 AI 產出內容（例如聊天機器人的回覆、文章摘要的品質、翻譯的準確度）主要依賴人工進行標註。流程通常是：定義一套評估標準（如語法流暢度、內容相關性、事實正確性、有無偏見等），然後由人工逐一閱讀 AI 的輸出，並根據標準給予評分、分類或提供文字回饋。

這種方式有其無可取代的價值，特別是在需要深度理解、主觀判斷或涉及複雜倫理與安全問題時。而其固有的缺點在模型爆炸性發展的時代被急遽放大：

1. **規模與成本問題**：訓練與部署新的 LLM 模型需要大量的測試與驗證，這意味著需要處理海量的 AI 生成內容。招募、培訓並管理大量的專業人工標註團隊，其投入的時間、人力與財務成本極為龐大且難以持續。

2. **速度問題**：模型開發與更新週期日益縮短。如果每次改動都需要耗時數天甚至數週進行人工評估，將嚴重拖慢研發進度，錯失市場先機。

3. **一致性問題**：不同人工標註者可能對同一套標準有不同的理解，或是受到主觀偏好影響，導致標註結果不一致，降低評估數據的可靠性。

面對這些挑戰，研究人員與業界工程師開始思考：既然頂尖的 LLM 已經展現出卓越的語言理解、邏輯推理、甚至某種程度的「判斷」能力，我們能否將其強項轉化為評估其他 AI 的工具？

這個思路的轉變，不僅是為了追求效率，更是看中了潛在的「自動化」與「規模化」能力。利用 LLM as a Judge 這個概念，我們可以以前所未有的速度對大量模型輸出進行初步篩選、排序，甚至自動生成帶有理由的評估報告，大幅提升評估流程的效率，將人工複核集中在最困難或關鍵的部分。

該如何撰寫讓 LLM 充當裁判的提示語（Prompt）？

LLM as a Judge 的基本運作原理是將「評估任務」包裝成一個精巧設計的提示語（Prompt），提交給充當裁判角色的高性能 LLM。LLM 會根據提示語中的指令、評估標準以及待評估的 AI 輸出，進行分析並生成評價結果。

讓我們透過一個具體的例子來理解這個過程：

假設你的團隊正在開發一個用於緩解頭痛建議的問答系統，並想比較不同底層模型（Model A 與 Model B）在回答「如何緩解偏頭痛？」這個問題時的表現優劣。傳統做法是將兩個模型的回答呈現給多位醫學專家或使用者，請他們打分。使用 LLM as a Judge，你可以設計一個如下方所示的 Prompt 給 LLM（下方為 markdown 語法）：

1. **角色設定：** 請你扮演一位具有醫學背景，同時熟悉使用者體驗的評估專家。

2. **任務說明：** 你將收到一個使用者問題以及兩個不同 AI 模型針對此問題提供的回答。請你根據以下標準，仔細評估這兩個回答，並選出整體表現較佳者。同時，請你簡要說明做出判斷的理由。
3. **評估標準：**
4. - **事實正確性 (Accuracy)：** 回答是否提供了正確的醫學資訊？有無誤導性內容？
5. - **清晰度與易懂性 (Clarity & Understandability)：** 回答是否表達清晰、易於使用者理解？避免過度專業的術語。
6. - **實用性與相關性 (Practicality & Relevance)：** 回答提供的建議是否實用、直接相關於緩解偏頭痛這個問題？
7. ----------
8. **使用者問題：** 如何緩解偏頭痛？
9. **模型回答 A：** 多喝水、保持睡眠充足、必要時可服用普拿疼。
10. **模型回答 B：** 偏頭痛是一種神經系統疾病，建議你立即前往醫院掛號神經內科，由醫師安排腦部斷層掃描等詳細檢查。
11. ----------
12. **輸出格式要求：** 請嚴格按照以下格式輸出你的評估結果：
13. 勝出者：[A 或 B]
14. 理由：[請在此處詳細闡述你的判斷理由，結合上述評估標準進行分析。]

當你將這個 Prompt 發送給 LLM 後，它會根據內部知識和邏輯推理，分析回答 A 和 B，並給出評估結果。例如，一個合理的 LLM 可能會判斷回答 A 更具普適性和實用性（提供了一些日常緩解方法），而回答 B 雖然指出了偏頭痛的醫學性質，但建議「立即」進行「腦部斷層」可能過度診斷且不夠實用（偏頭痛通常先建議保守治療或看門診）。因此，它可能會判 A 勝出，並闡述其理由如何更符合「實用性」標準。

透過程式自動化呼叫 API，將大量問題、配對的回答 A/B 以及上述提示語發送給 LLM 模型，我們就可以透過這種方式輕鬆將測試集擴展到數百、數千甚至數萬組，並快速收集到批量的評估數據。

LLM as a Judge 的主要應用場景

基於其高效與規模化的特性，LLM as a Judge 在多個 AI 開發與評估環節中展現了重要價值：

1. **模型間的 A/B 測試與選型**：在開發過程中，團隊經常會訓練或嘗試多個不同的模型版本。團隊可以快速對這些模型在特定任務上的表現進行成對或多對比較，判斷哪個模型產出的品質更高、更符合預期，從而輔助模型選型或決定模型優化的方向。

2. **問答系統與對話機器人品質評估**：對於面向使用者的問答系統或聊天機器人，回答的準確性、流暢度、相關性以及使用者滿意度至關重要。

3. **自動化數據標註與資料集構建**：訓練或微調 AI 模型往往需要大量的標註數據。LLM as a Judge 可以用於自動執行一些結構化或半結構化的標註任務，例如將模型輸出的語句分類為「好」、「中」、「差」，標記出回覆中的關鍵實體，判斷語氣是正面還是負面等。

4. **安全性與偏見檢測**：利用 LLM Judge 評估模型輸出是否包含不安全、歧視性或帶有偏見的內容。透過精心設計的 Prompt，要求 LLM 扮演安全審核員的角色，檢查輸出是否違反特定準則。

LLM as a Judge 的可靠性：它真的「公平」且「準確」嗎？

這是使用 LLM as a Judge 必須深入探討的核心問題。它的判斷「準」不準，取決於多個關鍵因素：

- **裁判模型的自身能力**：作為「裁判」的 LLM 其本身的語言理解、邏輯推理、遵循指令的能力越強，其評估結果通常越可靠，反之則可能得到的評論會比較不可信。

- **Prompt 工程的品質**：給予 LLM 的指令是否清晰明確、評估標準是否具體客觀，以及是否提供了足夠的上下文與範例，極大地影響了其判斷的有效性。一個模糊或帶有歧義的 Prompt 會導致 LLM「胡亂給分」或做出不一致的判斷。

- **評估任務的複雜性**：對於一些相對客觀的任務（如判斷語法錯誤、內容相關性、是否引用了特定資訊），評估的表現通常較好。但對於高度主觀（如詩歌的優美度、創意的獨特性）或需要深厚專業知識判斷的任務，其可靠性可能會下降。

學術界對 LLM as a Judge 的可靠性進行了廣泛研究。比較了 GPT-4 作為裁判的評估結果與專業人工標註者的判斷。研究發現在判斷生成文本的整體品質、相關性、連貫性等語言層面的任務上，GPT-4 的判斷與人類專家的相似度可以高達 80% 以上，顯示了其作為自動評估工具的潛力。

如何在實務中運用 LLM as a Judge？搭建你的自動評估流程

如果你的 AI 系統（如 RAG 應用、客服機器人、內容生成工具）需要頻繁進行效能評估，或是想把評估納入回答的流程，建立一套基於 LLM as a Judge 的自動化評估流程將會非常有幫助。圖 5-2 是一個典型的實施步驟循環：

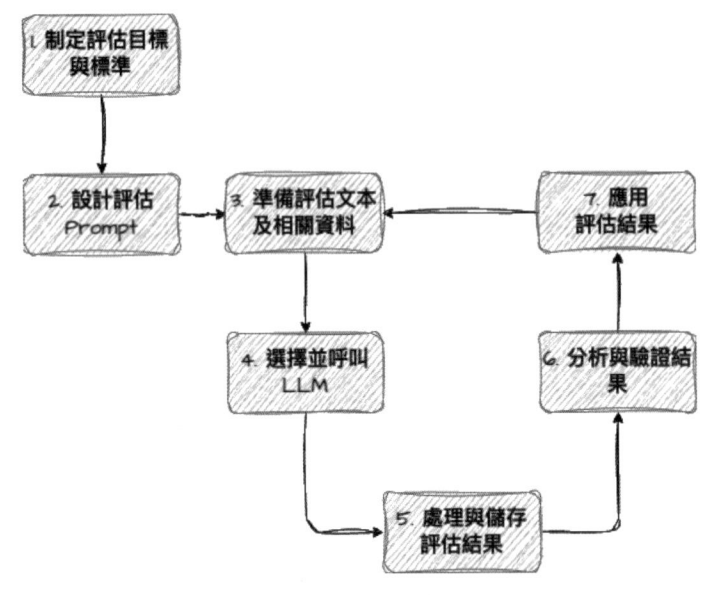

圖 5-2　RAG 評估循環

1. **制定評估目標與標準**：首先，釐清你希望評估 AI 輸出的哪些方面（例如：事實準確性、語言流暢度、語氣、是否符合使用者意圖、有無安全問題等）。為每個標準定義清晰、客觀的衡量尺度或描述。

2. **設計評估 Prompt**：這個步驟至關重要，一個好的 Prompt 須明確包含：**任務指令、評估標準、待評輸出**及**期望的輸出格式**。可輔以**角色設定**或提供**範例**，以提升 LLM 的判斷準確性。

3. **準備評估文本及相關資料**：收集你想要測試的問題或輸入，以及待評估模型針對這些輸入生成的對應輸出。如果進行比較性評估，則需要收集不同模型對同一輸入的回答。如果是評估 RAG 系統，則還需包含模型生成時所依據的原始參考資料或檢索到的上下文段落。

4. **選擇並呼叫 LLM**：選擇一個能力強大的 LLM 模型作為裁判，將準備好的 Prompt 和數據發送給模型。考慮到成本和性能，可能需要根據任務的重要性選擇不同等級的模型。

5. **處理與儲存評估結果**：接收 LLM 返回的結果。根據 Prompt 要求的格式解析結果（例如提取分數、勝出者標識、文字理由）。將這些結果結構化地儲存在數據庫或文件中，方便後續分析。

6. **分析與驗證結果**：對自動評估數據進行分析後，**關鍵**在於進行人工驗證。務必從結果中**隨機抽取子集**，與人工判斷詳細比對，這是檢驗 LLM 裁判在系統中是否可靠以及 Prompt 是否有效的**重要步驟**。如一致性不足，則需**迭代優化 Prompt**。

7. **應用評估結果**：將評估報告用於指導模型改進（例如針對得分低的特定問題類型進行模型微調或數據增強），輔助模型選型，或作為系統持續監控的一部分。

5-2 DeepEval 工具介紹

在前一節中，我們探討了為何 RAG 系統需要系統性評估的理由：儘管它結合檢索與生成以提供有據回答，其複雜性使得驗證「有理有據」性成為挑戰。為此，**DeepEval** 這套開源測試套件應運而生，它提供了一個系統化框架，專助於高效評估複雜 RAG 應用。

DeepEval 的核心作用在於建立標準基準，便於比較調整前後表現，確保持續提升系統的效能與可靠性。DeepEval 作為一個易於安裝和使用的套件，正迅速成為 RAG 系統評估領域的重要工具，在圖 5-3 中可以看到，DeepEval 也有打包到 PYPI 上供大家使用。

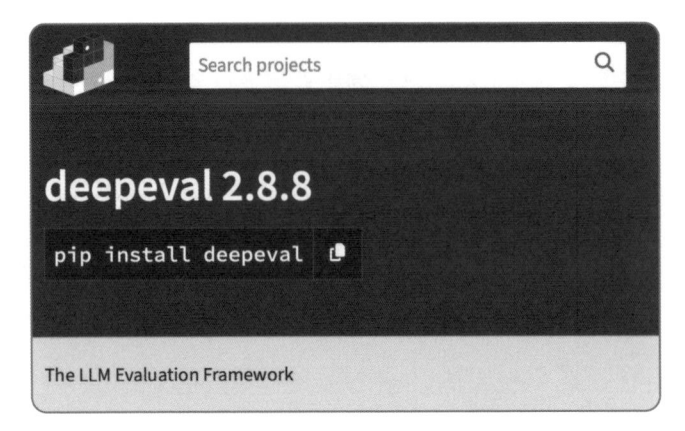

圖 5-3　PYPI 上 DeepEval 畫面

DeepEval 的強大之處在於其內建了豐富的測試情境或稱作評估指標，總數超過 14 種，這些情境被精心設計來捕捉語言模型在不同面向的表現。針對 RAG 系統的評估，有五個指標尤為關鍵且常用，它們反映了 RAG 流程中檢索與生成兩個核心階段的品質，讓我們能精準定位問題可能出在哪個環節。這些指標大致可分為兩類：

1. **側重檢索階段的指標**：評估系統能否從知識庫中找到正確且相關的資訊。

   這個階段的指標聚焦於 RAG 流程中從使用者問題出發，到從外部知識庫中檢索並準備好提供給生成模型的「上下文」（Context）的過程。確保檢索階段的品質是 RAG 成功的基礎。

2. **側重生成階段的指標**：評估模型能否基於檢索到的資訊產生高品質回答。

   這個階段的指標聚焦於 RAG 管線中，生成模型接收到使用者問題與檢索到的上下文後，產生最終回答的過程。這些指標驗證生成模型的表現是否符合 RAG 的核心目標——基於證據進行生成。

表 5-1 為針對上述五個指標簡單做的彙整總表，後面兩個章節我們會針對這五個指標分別進行詳細的說明：

表 5-1　常用 RAG 評估指標彙整

檢索評估指標	
文本精確度	衡量檢索到的內容中，有多少比例是真正**與使用者問題相關且對生成回答有幫助的**，確保提供給模型的上下文是乾淨精準的。
文本召回率	衡量檢索到的內容中，**是否包含生成完整且正確回答所需的關鍵資訊點**，確保沒有遺漏必要證據。
文本關聯性	衡量檢索到的內容中，**與使用者原始查詢問題**之間的整體相關程度，確保檢索方向正確且符合使用者意圖。
生成評估指標	
關聯性	評估模型生成的最終回答，**與使用者原始問題之間的相關程度以及實用性**，確保答案直接且有效地解決使用者問題。
忠實性	評估模型生成的回答內容，有多少比例能夠**從提供的參考段落中找到證據支持**，避免模型基於自身記憶產生幻覺。

DeepEval 利用這些精心設計的指標，能夠自動化地對單次或批次的問答進行評估，產出具體的**數值分數**。更棒的是，它通常還會提供**簡要的原因或解釋**，說明為何會得到這個分數，例如指出回答中哪部分找不到來源支持（低忠實度），或檢索到的哪段內容與問題無關（低文本關聯性）。這種結合了量化分數與質化原因的輸出方式，為開發者提供了清晰、可操作的反饋，極大地提高了調試與優化效率。

透過定期使用 DeepEval 進行測試，尤其是在對 RAG 系統進行任何調整或更新之後，我們都能有一個標準化的對比基準。這幫助我們快速定位問題是出在檢索端還是生成端，並衡量改動的效果，最終能夠更有信心地部署一個高效、可靠，並且回答「有理有據」的 RAG 應用。

5-3 該如何準備 DeepEval 中的測試案例？

> **Tips**
> 開始前請使用 "pip install deepeval" 來安裝套件喔！

回顧基本的 RAG 流程

在開始進入指標介紹之前，我們要先來介紹一下在 DeepEval 當中該如何準備測試案例。首先，先讓我們來回顧圖 5-4 中的基本 RAG 流程：

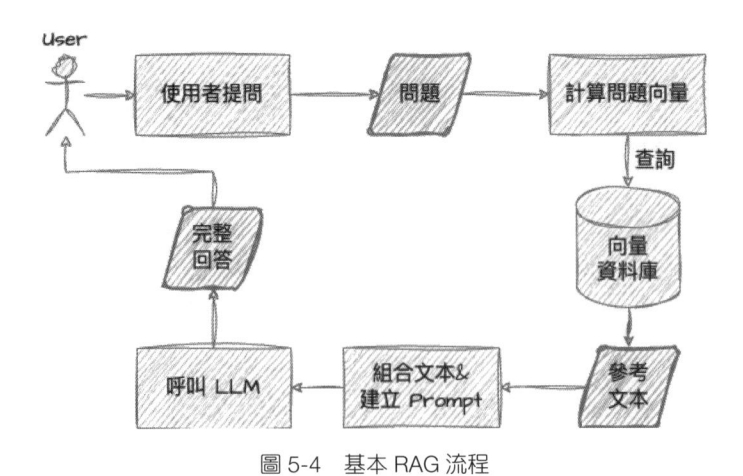

圖 5-4　基本 RAG 流程

在典型的 RAG 流程中，一個使用者查詢通常會獲得下面三個元素：

1. **使用者提問**：使用者輸入的原始自然語言問題。
2. **參考文本**：從知識庫中找到的、與問題最相關的文本段落集合。
3. **完整回答**：系統最終呈現給使用者的、由 LLM 生成的回答。

這三個關鍵元素直接影響了 RAG 系統的輸入和最終輸出。DeepEval 的測試案例正是圍繞這三個要素來構建的。相較之下，像是將問題轉換為向量等過程雖然是 RAG 的內部機制，但通常不直接作為測試案例的欄位內容。

建立測試案例：使用 LLMTestCase 類別

DeepEval 提供 LLMTestCase 類別來標準化地封裝 RAG 流程中的一個單一互動實例作為測試單位。每一個 LLMTestCase 的實例都代表著一次特定的使用者提問、系統如何響應（檢索了什麼、回答了什麼）以及在某些情況下，我們期望它應該如何回答。

以下是一個如何使用 LLMTestCase 來定義一個測試案例的實際 Python 程式碼範例：

```
16. from deepeval.test_case import LLMTestCase
17.
18. test_case = LLMTestCase(
19.     Input="勞工工作滿半年有幾天特休？"
20.     actual_output="勞工工作滿半年後，應享有 3 天的特休假。",
21.     expected_output="勞工工作滿半年後，根據《勞動基準法》的規定，應享有 3 天的特休假。",
22.     retrieval_context=[
23.         "根據《勞動基準法》的規定，勞工工作滿半年後，應享有 3 天的特休假。",
24.         "根據《勞動基準法》的規定，勞工工作滿一年後，應享有 7 天的特休假。",
```

```
25.         "根據《勞動基準法》的規定，勞工工作滿兩年後，應享有 10 天
    的特休假。",
26.     ]
27. )
```

讓我們來快速了解每個欄位的具體含義及其在評估中的作用：

- **input**：這個欄位記錄了**使用者最原始的自然語言提問**。它是觸發整個 RAG 流程的起始點。

- **actual_output**：這個欄位記錄了**你的 RAG 系統實際針對該 input 所產生的最終回答**。這是我們主要評估的「成品」。

- **expected_output**：這個欄位記錄了**針對該 input，一個由人類專家或標準來源提供的理想或「正確」的回答應該是什麼樣子的**。這個欄位是**選填**的，主要用於那些需要與黃金標準答案進行比對的評估指標，例如判斷 actual_output 的整體正確性或完整性。它提供了一個衡量「完美」回答的參考基準。

- **retrieval_context**：這個欄位是一個 **List**，記錄了在處理該 input 時，**你的 RAG 系統實際從知識庫中檢索到的所有參考段落或文件塊**。這些段落被 DeepEval 視為模型生成 actual_output 時所依據的「證據」。

透過定義這樣 LLMTestCase 實例，我們就將 RAG 系統的一次具體互動**結構化、標準化**了。每個 LLMTestCase 實例都可以獨立地或與其他案例一起，作為 DeepEval 各項評估指標計算的輸入。

藉由收集大量具有代表性的測試案例並使用 DeepEval 進行批次評估，我們就能全面了解 RAG 系統在不同情境下的表現，精確定位檢索或生成環節的問題，並在系統迭代時，透過前後批次評估結果的對比，量化地驗證優化措施是否有效。這種結構化的測試案例準備，是實現持續整合／持續部署（CI/CD）環境下自動化 RAG 效能監控與回歸測試的基礎。

準備好測試案例後，下一步就是選擇合適的評估指標，並將這些案例「餵給」DeepEval 進行計算與分析。

執行測試的方式

接著我們要來說明一下該怎麼執行 DeepEval 中的測試案例，當我們需要執行測試的時候，我們要使用 "evaluate()" 這個由 DeepEval 包裝好的函式，我們先看一下下面這段程式碼：

> 💡 **Tips**
> 在測試時也需要準備要使用的指標，此處僅先說明如何建立並執行，有關指標的詳細說明我們會在後面兩個章節詳細說明！

```
1.  from deepeval.test_case import LLMTestCase
2.  from deepeval import evaluate
3.  from deepeval.metrics import AnswerRelevancyMetric
4.  from dotenv import load_dotenv
5.
6.  load_dotenv("./.env")    # 存放 OPENAI API KEY 的環境變數檔案
7.
8.  test_case = LLMTestCase(
9.      input="勞工工作滿半年有幾天特休？",
10.     actual_output="勞工工作滿半年後，應享有 3 天的特休假。",
11.     expected_output="勞工工作滿半年後，根據《勞動基準法》第 38 條的規定，應享有 3 天的特休假。",
12.     retrieval_context=[
13.         "根據《勞動基準法》第 38 條的規定，勞工工作滿半年後，應享有 3 天的特休假。",
14.         "根據《勞動基準法》第 38 條的規定，勞工工作滿一年後，應享有 7 天的特休假。",
15.         "根據《勞動基準法》第 38 條的規定，勞工工作滿兩年後，應享有 10 天的特休假。",
16.     ]
17. )
```

```
18.
19. metric = AnswerRelevancyMetric(
20.     model="gpt-4o",
21.     threshold=0.5,
22.     include_reason=True,
23. )
24.
25. test_results = evaluate(metrics=[metric], test_cases=
    [test_case]).test_results
26. for result in test_results:
27.     for metric_data in result.metrics_data:
28.         print("--------------------")
29.         print(f"Metric: {metric_data.name}")
30.         print(f"Score: {metric_data.score}")
31.         print(f"Reason: {metric_data.reason}")
32.         print("--------------------")
```

上面這段程式碼當中的第 19 ～ 23 行，我們建立了一個 AnswerRelevancy 的測試指標，並且指定它使用 GPT-4o 進行測試且及格分數為 0.5，同時在第 22 行的時候請求它告訴我們得到分數的理由。

接著在第 25 行的時候，我們調用了 evaluate 這個函式開始進行測試，你可以看到在呼叫的時候，總共會需要傳遞兩個參數分別是 metrics 以及 test_cases 可以看到，我們可以注意一下，這邊使用的單字的型態是**複數**，並且接收的參數當中，也都是串列的**形式**，表示我們可以同時建立好很多個 Test Case 以及很多個指標，一併放入其中進行測試，並且在最後取得 test_results 這個屬性中的值。

> **經驗分享**
>
> 雖然說可以同時進行批量的測試，不過要注意當今天你使用的模型能承受的 Token 量較少時，也記得分批進行測試，不然會超過 Token 上限喔！

5-3 該如何準備 DeepEval 中的測試案例？

最後我們看到第 26～32 行，這邊主要是在說明該如何迭代測試結果，evaluate 會協助我們將所有 Test Case 跑過每個 Metric，因此可以看到在第一層迴圈當中，我們針對 Test Case 進行迭代，而在第二層迴圈當中，我們則針對每個 Test Case 底下有進行測試的 Metric 進行迭代，逐一取得在每個 Metric 中獲得的分數以及原因。

讓我們試著執行一下剛剛這段程式碼，你應該會看到圖 5-5 的畫面，表示程式碼沒問題可以進行測試囉！

```
✨ You're running DeepEval's latest Answer Relevancy Metric!
strict=False, async_mode=True)...
Evaluating 1 test case(s) in parallel: |████████|100% (1/1)

======================================================================

Metrics Summary

  - ✅ Answer Relevancy (score: 1.0, threshold: 0.5, strict:

For test case:

  - input: 勞工工作滿半年有幾天特休？
  - actual output: 勞工工作滿半年後，應享有3天的特休假。
  - expected output: 勞工工作滿半年後，根據《勞動基準法》第38條的規定
  - context: None
  - retrieval context: ['根據《勞動基準法》第38條的規定，勞工工作滿半

======================================================================

Overall Metric Pass Rates

Answer Relevancy: 100.00% pass rate

======================================================================


✓ Tests finished 🎉! Run 'deepeval login' to save and analyze
on Confident AI.
```

圖 5-5　DeepEval 測試畫面

5-4 常用檢索評估指標：文本精確度、文本召回率與文本關聯性

在建構 Retrieval Augmented Generation（RAG）系統時，最常陷入的迷思是，只要 Retriever 能從我的知識庫裡，根據使用者問題抓出一些「看起來有關」的段落，然後把這些段落餵給 LLM，模型自然就能組合成好的回答。結果很快就發現，事情遠比想像中複雜得多！實際跑起來才體會到，Retriever 撈出來的資料品質其實有好幾個層次，不是單純的「有關」或「無關」：

- 有些段落雖然表面上看似相關，但在生成答案時根本派不上用場，反而成了**噪音**，分散了模型的注意力。

- 更慘的是，有些明明是回答問題**必需**的關鍵資訊，卻完全沒有被檢索回來，導致模型根本沒有「證據」去生成正確的答案。

為了能更精確地診斷 Retriever 的表現瓶頸，DeepEval 提供專門用於評估檢索階段的幾個指標。其中，有三個指標對於優化 Retriever 尤其核心且實用：它們分別是**文本精確度**（**Context Precision**）、**文本召回率**（**Context Recall**），以及**文本關聯性**（**Contextual Relevancy**）。如果你希望打造一個高效的 RAG 檢索系統，深入理解並運用這三個指標絕對是必要的。

接下來，我們就一個個來拆解這三個指標的意義與應用場景。

文本精確度（Context Precision）

首先是**文本精確度**，這個指標就像是 Retriever 的「品質控管」機制，它不僅看數量，更看檢索結果的「純度」和「排序」。文本精確度評估的是，在 Retriever 檢索回來的參考段落集合中，**真正與 input 語義相關、且對生成回答有幫助的段落所佔的比例**。它尤其強調了**檢索結果的排序**——越相關的段落如果排得越靠前，分數就會越高。

DeepEval 在計算文本精確度時，首先會**讓裁判模型根據 input 或 expected_output 的資訊，去判斷每一個檢索回來的段落**是否相關（標記為 1）或不相關（標記為 0）。基於對每個段落相關性的判斷，文本精確度採用加權累積精確度（Weighted Cumulative Precision, WCP）的方式來計算，公式如下圖 5-6：

$$文本精確度 = \frac{1}{相關段落總數} \sum_{k=1}^{n} \left(\frac{截至位置\ k\ 的相關段落數}{k} \times r_k \right)$$

圖 5-6　文本精確度公式

這個公式看起來比較複雜，但核心概念是：它對排在前面的相關段落給予更高的權重。公式中的 n 是檢索到的段落總數，k 代表段落的排名位置（從 1 到 n）。rk 則是排在第 k 位的段落是否相關的判斷結果（相關是 1，不相關是 0）。

DeepEval 使用這種加權累積精確度而非簡單的「相關段落數／總段落數」比例，是因為這種計算方式更能反映 LLM 在處理檢索結果時的實際行為。

因此，高文本精確度代表著 Retriever 不僅能找到相關段落，更能將最相關、最有用的段落排在前面，**有效地控制了提供給 LLM 的噪音**，為後續的生成提供了更清晰、更聚焦、更可靠的上下文。這有助於降低模型被不相關資訊干擾而產生錯誤回答的風險。

如果想使用文本精確度這個指標的話,我們可以透過下面這段程式碼進行:

```
1.  from deepeval.metrics import ContextualPrecisionMetric
2.
3.  metric = ContextualPrecisionMetric(
4.      model="gpt-4o",
5.      threshold=0.5,
6.      include_reason=True,
7.  )
```

文本召回率(Context Recall)

接著是**文本召回率**。這個指標是 DeepEval 用來評估 Retriever 效能的關鍵工具之一,它核心關注的是:系統**應該**抓到哪些資訊,以及它**實際**抓到了多少?

更具體地說,文本召回率在嘗試回答這個問題:「**如果我們有一個理想或正確的參考答案,這個答案所需的關鍵資訊或證據點,有多少比例被包含在 Retriever 檢索回來的段落裡?**」這個指標的評估邏輯,是從「一個完整的、正確的回答」反推。想像一下,我們知道為了回答某個問題,需要引用資料庫中的 A、B、C 這三個事實點。文本召回率就是去檢查 Retriever 實際抓回來的段落中,是不是真的包含了 A、B、C 這三個點。

舉個例子,假設一個標準的正確回答必須引用《勞動基準法》中關於「工作滿半年特休 3 天」和「工作滿一年特休 7 天」這兩個具體的法條內容。如果你的 Retriever 在處理相關問題時,只檢索回了關於「半年特休 3 天」的段落,而遺漏了「一年特休 7 天」的段落,那麼即便檢索到的段落是相關的,文本召回率也不會是完美的 100%,因為它沒有「召回」所有必需的資訊點。

而在 DeepEval 當中，文本召回率的計算公式如下圖 5-7：

$$\text{文本召回率} = \frac{\text{能在檢索段落中找到支持的陳述句數量}}{\text{理想回答中的總陳述句數量}}$$

圖 5-7　文本召回率公式

在這個公式中，**分母**是理想回答中的總陳述句數，代表**應該**被找回的全部資訊點總和，由 DeepEval 透過我們指定的模型協助進行產生。**分子**則是在這些陳述句中，實際**能夠**從檢索段落找到證據支持的數量。比值即為在應找回的總資訊中，實際成功找回的比例。

我們可以使用下方的程式碼來進行這個指標的建立：

```
1.  from deepeval.metrics import ContextualRecallMetric
2.
3.  metric = ContextualRecallMetric(
4.      model="gpt-4o",
5.      threshold=0.5,
6.      include_reason=True,
7.  )
```

文本關聯性（Context Relevancy）

最後來看 Retriever 相關指標的第三個：**文本關聯性**。這個指標的切入點與前兩個不太一樣，目的在於確認**檢索回來的這些段落**，針對使用者提出的問題，在語義上有多相關？對於回答這個問題有多大的實用價值？

DeepEval 在計算文本關聯性時，會請 LLM 從**每一個檢索回來的參考段落**中，提取出一個個獨立的陳述句或事實點。然後，LLM 會根據 **input**，逐一判斷這些從檢索段落中提取出來的陳述句，是否與問題語義相關且有助於回答問題。

這個判斷過程被量化為以下圖 5-8 中的公式來計算文本關聯性分數：

$$\text{文本關聯性} = \frac{\text{相關的陳述句數量}}{\text{總陳述句數量}}$$

圖 5-8　文本關聯性公式

這裡的**分母**「總陳述句數量」，是指 LLM 從所有 **retrieval_context** 中解析出來的獨立陳述句總數。而**分子**「相關的陳述句數量」，指的就是在這些陳述句裡，有多少個被 LLM 判定為與 **input** 在語義上相關且有幫助的數量。

這個公式形式上與文本召回率的公式相似，但兩者的**分母和分子來源**以及**判斷的對象**完全不同：文本召回率是看「理想答案」中的陳述句能否在檢索段落中找到支持；而文本關聯性則是看「檢索段落」中的陳述句與「原始問題」的相關性。

這個指標的特別之處在於，它**不依賴於 expected_output**，也不看 **actual_output**。這使得它在評估純粹的檢索器性能，或者在處理開放式問題、缺乏標準答案的知識查詢場景時特別有用。

高文本關聯性代表 Retriever 檢索回來的段落整體而言是高度相關於使用者查詢意圖的，即便是排名靠後的結果也具有一定的相關性。這有助於確保提供給 LLM 的原始資訊「大方向」是正確的。

至於該如何引用指標，請參考下方的程式碼：

```
1.  from deepeval.metrics import ContextualRelevancyMetric
2.
3.  metric = ContextualRelevancyMetric (
4.      model="gpt-4o",
5.      threshold=0.5,
6.      include_reason=True,
7.  )
```

重點整理

在進入下個小節之前,我們透過表 5-2 來協助大家整理一下有關檢索器的相關評估指標:

表 5-2　常用檢索評估指標彙整

指標名稱	DeepEval Metric 名稱	用途
文本精確度	ContextualPrecisionMetric	評估 Retriever 抓回的資料有多純、以及相關資料是否**排在前面**。
文本召回率	ContextualRecallMetric	衡量 Retriever 有沒有抓到生成**理想答案**所需的所有**關鍵資訊**。
文本關聯性	ContextualRelevancyMetric	評估 Retriever 抓回的段落,與使用者**原始問題**本身語義相關程度。

5-5
常用生成評估指標:關聯性與忠實性

在前一節中,我們深入探討了如何評估 RAG 系統的 Retriever,確保模型能夠抓回相關且完整的資料。然而,優秀的檢索結果只是基礎,最終決定 RAG 系統好壞的,還是 LLM 基於這些資料所生成的**最終回答**。即使 Retriever 表現完美,如果生成模型未能正確理解檢索內容、胡亂組裝資訊,或者生成了與使用者問題不符的回答,那麼整個系統依然是失敗的。

因此,我們需要一套方法來評估這個「生成」階段的品質。針對生成的部份 DeepEval 提供了**關聯性**和**忠實性**這兩個指標,讓我們馬上來看一下這兩個指標的介紹吧。

關聯性（Answer Relenvacy）

首先是**關聯性**，當 LLM 結合了檢索到的資料來生成回答後，我們必須確認這個回答是否真正回應了使用者**最初提出的問題**。有時候，模型可能會被檢索到的內容牽著鼻子走，生成了一個雖然基於事實，但卻沒有直接回答使用者問題的內容，這個指標就是用來捕捉這種情況的。

關聯性旨在回答：「**模型最終生成的回答，與使用者原始的問題在語義上有多相關？這個回答是否有效地解決了使用者的問題？**」它的重點在於回答內容的**主題相關性**與**實用性**，而不是它是否忠於某個外部來源。

DeepEval 計算回答關聯性的評估流程是，先請 LLM 從 **actual_output** 中，提取出多個獨立的陳述句或事實點。然後，LLM 會根據 **input**，逐一判斷這些從模型回答中提取出來的陳述句，是否與問題語義高度相關、且有助於回答問題。

計算公式可以參考如圖 5-9 所記載的計算方式：

$$回答關聯性 = \frac{相關的陳述句數量}{總陳述句數量}$$

圖 5-9　關聯性公式

這裡的**分母**「總陳述句數量」，是指 LLM 從 **actual_output** 中解析出來的所有獨立陳述句的總數。而**分子**「相關的陳述句數量」，指的就是在這些陳述句裡，有多少個被 LLM 判定為與 **input** 在語義上高度相關且有幫助的數量。

這個指標的重要性在於，它直接衡量了 RAG 系統的「有效溝通」能力。高關聯性分數代表模型理解了使用者的意圖，並且給出了一個切題、有用的回答。

程式碼的部分則可以參考如下：

```
1.  from deepeval.metrics import AnswerRelevancyMetric
2.
3.  metric = AnswerRelevancyMetric (
4.      model="gpt-4o",
5.      threshold=0.5,
6.      include_reason=True,
7.  )
```

忠實性（Faithfulness）

接下來是**忠實性**，這是評估生成的內容是否出現「幻覺」的核心指標。

忠實性旨在回答：「模型實際生成的回答中的內容，有多少比例是能夠直接或間接地，從 Retriever 檢索回來的那些參考段落中找到證據支持的？」換句話說，這個指標在檢查模型是否「誠實」地基於提供的「證據」進行回答，還是「編造」了不存在於來源中的訊息。

公式如下圖 5-10：

$$忠實性 = \frac{真實的論斷數量}{總論斷數量}$$

圖 5-10　忠實性公式

分母「總論斷數量」，是指 LLM 從 actual_output 中解析出來的所有獨立事實聲明或論斷的總數。而**分子**「真實的論斷數量」，指的就是在這些論斷裡，有多少個被 LLM 判定為能夠從 Retriever 檢索回來的 retrieval_context 中找到證據支持，或者與參考段落不矛盾的數量。根據 DeepEval 的定義，一個論斷被認為是真實的，只要它不與檢索到的參考段落中的任何事實相矛盾即可。

忠實性是評估 RAG 系統是否有效降低 LLM 幻覺能力的**最直接指標**。高忠實性分數意味著模型的回答高度地基於提供的來源，降低了「一本正經胡說八道」的風險。

程式碼同樣檢附給各位參考：

```
1.  from deepeval.metrics import FaithfulnessMetric
2.
3.  metric = FaithfulnessMetric (
4.      model="gpt-4o",
5.      threshold=0.5,
6.      include_reason=True,
7.  )
```

重點整理

同樣，我們也透過表 5-3 協助各位針對生成相關的評估指標進行整理：

表 5-3　常用生成評估指標彙整

指標名稱	DeepEval Metric 名稱	用途
關聯性	AnswerRelevancyMetric	評估模型最終生成的**回答**，是否準確且有效地回答了使用者的**原始問題**。
忠實性	FaithfulnessMetric	評估模型生成的**回答**，有多少內容是能從 Retriever 抓回的**資料**中找到**證據**支持的。

5-6 自定義測試 Prompt

最後我們要來介紹一下,在某些情況下,該如何為自己的系統自定義特殊的 Prompt,下面我們以忠實性這個指標為例。

在 DeepEval 當中,每個指標都擁有自己預設的 Template,這些 Template 會協助我們產生前面幾個章節中各個指標的公式計算時,所需要的數值、句子等,讓整個測試可以順利進行,下面是忠實性這個指標當中預設的 Prompt,可以看到在 FaithfulnessTemplate 這個物件當中有一個叫做 "generate_claims" 的函式,接下來我們就要試著去 override 這個函式。

```
1.  class FaithfulnessTemplate:
2.      @staticmethod
3.      def generate_claims(actual_output: str):
4.          return f"""Based on the given text, please extract a comprehensive list of FACTUAL, undisputed truths, that can inferred from the provided text.
5.  These truths, MUST BE COHERENT, and CANNOT be taken out of context.
6.
7.  Example:
8.  Example Text:
9.  "Albert Einstein, the genius often associated with wild hair and mind-bending theories, famously won the Nobel Prize in Physics—though not for his groundbreaking work on relativity, as many assume. Instead, in 1968, he was honored for his discovery of the photoelectric effect, a phenomenon that laid the foundation for quantum mechanics."
10.
```

11. Example JSON:
12. {{
13.   "claims": [
14.   "Einstein won the noble prize for his discovery of the photoelectric effect in 1968."
15.   "The photoelectric effect is a phenomenon that laid the foundation for quantum mechanics."
16.   ]
17. }}
18. ===== END OF EXAMPLE ======
19.
20. **
21. IMPORTANT: Please make sure to only return in JSON format, with the "claims" key as a list of strings. No words or explanation is needed.
22. Only include claims that are factual, BUT IT DOESN'T MATTER IF THEY ARE FACTUALLY CORRECT. The claims you extract should include the full context it was presented in, NOT cherry picked facts.
23. You should NOT include any prior knowledge, and take the text at face value when extracting claims.
24. **
25.
26. Text:
27. {actual_output}
28.
29. JSON:
30. """

試想一個情境,如果今天你的系統當中的回答,一定要包含著某些字詞呢?例如:「xxxxxx 敬上!」「xxxxxx 祝你有個美好的一天!」這些內容如果一併被放進 actual_output 當中測試的話,會很大程度地影響我們的測試結果,因此在適當的情況下,修改特殊的 Prompt 來進行測試,是非常重要的,下面我們就來示範,該如何在忠實性指標的測試模板當中,排除【祝你有個美好的一天!】這幾個字,並且套用到指標當中進行測試,讓我們看一下下面這段程式碼:

```
1.  from deepeval.test_case import LLMTestCase
2.  from deepeval import evaluate
3.  from dotenv import load_dotenv
4.  from deepeval.metrics import FaithfulnessMetric
5.  from deepeval.metrics.faithfulness import
    FaithfulnessTemplate
6.
7.
8.  class CustomTemplate(FaithfulnessTemplate):
9.      @staticmethod
10.     def generate_claims(actual_output: str):
11.         return f"""Based on the given text,
12. please extract a comprehensive list of facts that can
    inferred from the provided text.
13.
14. While you process the text, please ignore the following
    keywords: "祝你有個美好的一天!".
15.
16. Example:
17. Example Text:
18. "CNN claims that the sun is 3 times smaller than earth."
19.
20. Example JSON:
21. {{
22.     "claims": []
```

```
23. }}
24. ===== END OF EXAMPLE ======
25.
26. Text:
27. {actual_output}
28.
29. JSON:
30. """
31.
32.
33. load_dotenv("./.env")    # 存放 OPENAI API KEY 的環境變數檔案
34.
35. test_case = LLMTestCase(
36.     input=" 勞工工作滿半年有幾天特休？",
37.     actual_output=" 勞工工作滿半年後，應享有 3 天的特休假。",
38.     expected_output=" 勞工工作滿半年後，根據《勞動基準法》第 38
    條的規定，應享有 3 天的特休假。",
39.     retrieval_context=[
40.         " 根據《勞動基準法》第 38 條的規定，勞工工作滿半年後，應享
    有 3 天的特休假。",
41.         " 根據《勞動基準法》第 38 條的規定，勞工工作滿一年後，應享
    有 7 天的特休假。",
42.         " 根據《勞動基準法》第 38 條的規定，勞工工作滿兩年後，應享
    有 10 天的特休假。",
43.     ]
44. )
45.
46. metric = FaithfulnessMetric(
47.     model="gpt-4o",
48.     threshold=0.5,
49.     include_reason=True,
50.     evaluation_template=CustomTemplate,
51. )
```

```
52.
53. test_results = evaluate(metrics=[metric], test_cases=
    [test_case]).test_results
54. for result in test_results:
55.     for metric_data in result.metrics_data:
56.         print("--------------------")
57.         print(f"Metric: {metric_data.name}")
58.         print(f"Score: {metric_data.score}")
59.         print(f"Reason: {metric_data.reason}")
60.         print("--------------------")
```

可以看到在程式碼當中的第 14 行，我們額外撰寫了一行 Prompt 試圖讓模型在看到關鍵字【祝你有個美好的一天！】的時候，忽略它並生成指定的資料。而在第 50 行建立指標的時候，把我們自訂好的 Prompt 物件塞進去 evaluation_tempalte 這個屬性當中，讓它可以進行測試。

> **Tips**
>
> 記得留意第 5 行引入指標模板的部分，不同的指標都有各自不同的模板可以使用，使用時記得留意所引入的指標，並選擇對應的模板！

5-7 章節回顧

在這個章節當中，我們深入探討了為何對於複雜的 RAG 系統而言，進行系統性且全面的評估與測試是不可或缺的。RAG 結合了檢索與生成，雖然旨在提供有事實依據的回答，但其多環節的特性使得最終輸出的品質驗證成為一項挑戰。

本章首先介紹了 **LLM as a Judge** 的核心概念，說明了如何利用一個強大的大型語言模型來充當裁判，自動評估其他 AI 模型的輸出品質，藉此解決傳統人工評估在規模和效率上的瓶頸。我們了解了 LLM as a Judge 的運作機制、主要應用場景，以及其潛在的局限性與可靠性考量。接著，章節提供了一個在實務中運用 LLM as a Judge 的典型流程循環，從制定標準到分析驗證結果。

接著我們介紹了 **DeepEval** 這個開源測試套件，作為進行 RAG 系統自動化評估的得力工具，並且詳細拆解了 DeepEval 中用於 RAG 系統評估的五個關鍵指標，並將其分為兩大類：

1. **檢索評估指標**：側重於評估 Retriever 從知識庫中抓取資訊的品質。我們學習了**文本召回率**衡量應抓資訊的找回程度，**文本精確度**評估檢索結果的純度及排序重要性，以及**文本關聯性**判斷檢索段落與原始問題的語義相關性。

2. **生成評估指標**：側重於評估 LLM 生成的最終回答本身的品質及與來源的關係。我們學習了**關聯性**衡量回答與使用者問題的切題程度，以及**忠實性**評估回答內容有多少是能從檢索段落中找到證據支持的。

透過這個章節的內容，我們掌握了評估 RAG 系統從檢索到生成的關鍵概念、常用的 DeepEval 工具及其核心指標，為後續建構高效、可靠的 RAG 應用打下了評估基礎。

06
提升 RAG 系統的準確度

- 6-1　Chunking 策略
- 6-2　檢索策略（Retrieve Strategy）
- 6-3　重排序（Re-rank）
- 6-4　提示工程 Prompt Engineer
- 6-5　章節回顧

06 提升 RAG 系統的準確度

在建構高效的檢索增強生成（RAG）系統時，最終輸出的準確度，不僅取決於大型語言模型（LLM）本身的能力，更高度依賴其「參考資料」的品質，以及它「利用」這些資料的方式。即使我們擁有最強大的 LLM，如果它收到的參考資料不相關、不完整，或是無法理解該如何根據這些資料來回答問題，那麼最終的答案品質依然會大打折扣。

因此，要打造一個頂尖的 RAG 系統，必須從「檢索」與「生成」兩大環節進行系統性優化。本章節將深入探討四項核心策略，從資料的前處理、檢索技術的選擇、結果的精煉，到最終生成指令的設計，全面提升 RAG 系統的準確性與可靠性：

- **Chunking 策略**：學習如何將原始文件進行高效的資料切片，確保每個區塊的資訊內聚且完整，為後續的向量檢索打下堅實基礎。

- **檢索策略（Retrieve Strategy）**：探索除了基礎的向量相似度搜尋外，還有哪些更進階的檢索技術，例如混合式搜尋或多查詢檢索，以及如何根據不同場景選擇最佳方案。

- **重排序（Re-rank）**：了解如何在初步檢索後，引入一個更精細的排序模型，對候選文件進行二次篩選，從而優化最終檢索結果的相關性與排序。

- **提示工程（Prompt Engineering）**：學習如何設計精準的提示語，引導 LLM 更好地理解與利用檢索到的上下文，確保生成的答案不僅忠於事實，且能精準回應使用者意圖。

透過掌握這四大策略，你將能夠全方位地診斷並優化你的 RAG 系統，從而打造出回應更精準、更可靠的智慧應用。

6-1 Chunking 策略

Chunking（分塊或切片）是將大型文件分解成較小、更易於管理和處理的文本片段的過程。在 RAG 系統中，Chunking 是資料預處理最關鍵的第一步。在前面的範例中，我們處理的患者提問文本較短，或許還無法完全突顯 Chunking 的重要性。但想像一下，當我們面對的知識來源是數十頁的 PDF 研究報告、數百條的法律條文，甚至是整本技術手冊時，Chunking 的優劣就直接決定了 RAG 系統的成敗。

想像一下，我們要為一家企業打造一個能回答《勞動基準法》相關規定的 AI 助理。我們的知識來源是完整的《勞動基準法》全文檔。當員工提問：「我工作滿半年有幾天特休？」時，我們不可能將整部法規（數萬字）直接提交給語言模型。這麼做不僅會輕易超出模型的上下文長度限制，成本也會高的嚇人。

如果有比較跟進時事的讀者應該會好奇，現在的 GPT-4o 支援高達 128,000 個 token 的超長上下文，那為何不直接將檢索到的所有可能相關法條，全部塞給模型去閱讀呢？理論上似乎可行，但在實務上卻有兩大陷阱：

1. **大海撈針問題（Lost in the Middle）**：近年來多項研究指出，語言模型在處理超長文本時，存在「注意力 U 型曲線」的現象。模型對於文本開頭和結尾的資訊記憶最深刻，但對於放置在中間的大段內容，其注意力會顯著下降，容易「忘記」或忽略其中的關鍵細節。給予過多不相關或冗餘的資訊，就像讓模型在一堆乾草中找一根針，反而會干擾其判斷，導致回答品質下降。

2. **檢索精準度與成本**：RAG 的核心目標是只提供最相關、最精煉的幾個文本區塊給模型，而不是將一大堆可能相關的內容都丟過去。精準的 Chunking 能讓每個向量都代表一個高度內聚的知識點，從而讓向量搜尋更有效。提供精簡的上下文，也能大幅降低 API 呼叫的成本。

因此，一個理想的 Chunking 策略，目標是將文件切分成**大小適中、語意完整，且能獨立回答一個潛在問題**的資訊單元。接下來，我們將以《勞動基準法》第 38 條關於特別休假的條文為例，實際比較不同 Chunking 策略的效果。

```
1.  law_text = """
2.  第 38 條
3.  勞工在同一雇主或事業單位，繼續工作滿一定期間者，應依下列規定給予特
    別休假：
4.  一、六個月以上一年未滿者，三日。
5.  二、一年以上二年未滿者，七日。
6.  三、二年以上三年未滿者，十日。
7.  四、三年以上五年未滿者，每年十四日。
8.  五、五年以上十年未滿者，每年十五日。
9.  六、十年以上者，每一年加給一日，加至三十日為止。
10. 前項之特別休假期日，由勞工排定之。但雇主基於企業經營上之急迫需求或
    勞工因個人因素，得與他方協商調整。
11. 雇主應於勞工符合第一項所定特別休假條件時，告知勞工依前二項規定排定
    特別休假。
12. """
```

常見的 Chunking 策略與實作範例

首先是「固定大小分塊」(Fixed-size Chunking)，這是最簡單粗暴的方法，依據固定的字元數進行切分，並可設定重疊大小以避免語意斷裂。我們可以透過 LangChain 當中的 CharacterTextSplitter 這個物件來協助我們進行固定大小的文檔切割，讓我們來看下面這段程式碼：

```
1.  from langchain.text_splitter import CharacterTextSplitter
2.
```

```
 3. law_text = """
 4. 第 38 條
 5. 勞工在同一雇主或事業單位，繼續工作滿一定期間者，應依下列規定給予特
    別休假：
 6. 一、六個月以上一年未滿者，三日。
 7. 二、一年以上二年未滿者，七日。
 8. 三、二年以上三年未滿者，十日。
 9. 四、三年以上五年未滿者，每年十四日。
10. 五、五年以上十年未滿者，每年十五日。
11. 六、十年以上者，每一年加給一日，加至三十日為止。
12. 前項之特別休假期日，由勞工排定之。但雇主基於企業經營上之急迫需求或
    勞工因個人因素，得與他方協商調整。
13. 雇主應於勞工符合第一項所定特別休假條件時，告知勞工依前二項規定排定
    特別休假。
14. """
15. 
16. # 使用固定大小分塊
17. text_splitter = CharacterTextSplitter(
18.     separator="\n",   # 以換行符為基礎分隔
19.     chunk_size=60,    # 每個區塊的目標大小
20.     chunk_overlap=10  # 區塊間的重疊大小
21. )
22. 
23. chunks = text_splitter.create_documents([law_text])
24. 
25. # 看看切分結果
26. for i, chunk in enumerate(chunks):
27.     print(f"--- Chunk {i + 1} ---\n{chunk.page_content}\n")
```

在上面這段程式碼當中，可以看到在第 17 ～ 21 行的時候我們實作了一個 CharacterTextSplitter 的物件，並且設定一些參數，從上而下分別是 spearator、chunk_size 以及 chunk_overlap，它們分別的用途是設定換行符號的基準、每個切割區塊的大小以及區塊之間的重疊大小。接著讓我們試著執行一下剛剛所寫的程式碼，應該會得到如下的結果：

```
--- Chunk 1 ---
第 38 條
勞工在同一雇主或事業單位，繼續工作滿一定期間者，應依下列規定給予特別休假：
一、六個月以上一年未滿者，三日。

--- Chunk 2 ---
二、一年以上二年未滿者，七日。
三、二年以上三年未滿者，十日。
四、三年以上五年未滿者，每年十四日。

--- Chunk 3 ---
五、五年以上十年未滿者，每年十五日。
六、十年以上者，每一年加給一日，加至三十日為止。

--- Chunk 4 ---
前項之特別休假期日，由勞工排定之。但雇主基於企業經營上之急迫需求或勞工因個人因素，得與他方協商調整。

--- Chunk 5 ---
雇主應於勞工符合第一項所定特別休假條件時，告知勞工依前二項規定排定特別休假。
```

可以看到，這種方法非常機械。例如，關於「六個月以上」的規定，同時出現在 Chunk 1 和 Chunk 2 中。雖然重疊（overlap）機制緩解了一部分問題，但整體結構被打亂，資訊變得零散。如果使用者的問題是「勞工如何排定特休假？」相關的法條前項之特別休假期日……被分散在 Chunk 4 和 Chunk 5，檢索器可能只找回其中一個，導致 LLM 無法獲得完整的上下文。

在進入下個切割方法前，讓我們先針對 chunk_overlap 這個參數做個簡單的說明，它的主要目的是**避免語意斷裂**，確保在切分點附近的上下文連續性。

想像一下，如果沒有重疊，一個完整的句子或重要的片語剛好被切分邊界切開，那麼這個關鍵資訊就會被分散到兩個獨立的 Chunk 中。這會導致檢索器在搜尋時，可能只找回其中一半的資訊，從而影響語言模型（LLM）的理解與回答品質。

chunk_overlap 就像是在兩個相鄰的 Chunk 之間建立一個「緩衝區」或「安全邊界」，讓前一個 Chunk 的結尾部分，同時也成為下一個 Chunk 的開頭部分，下面使用一個剪單的範例來呈現給各位讀者看一下效果，首先第一段程式碼我們先把 chunk_overlap 設為 0：

```
1.  from langchain.text_splitter import CharacterTextSplitter
2.
3.  text = "大型語言模型是深度學習的一個重要分支，它能夠理解和生成自
        然語言文本。"
4.
5.  text_splitter_no_overlap = CharacterTextSplitter(
6.      separator="，",
7.      chunk_size=25,
8.      chunk_overlap=0   # <--- 沒有重疊
9.  )
10.
11. chunks = text_splitter_no_overlap.split_text(text)
12.
13. print("--- 無重疊的切分結果 ---")
14. for i, chunk in enumerate(chunks):
15.     print(f"Chunk {i + 1}: {chunk}")
```

執行完上述這段程式碼後，你應該可以得到下面這段結果：

```
--- 無重疊的切分結果 ---
Chunk 1：大型語言模型是深度學習的一個重要分支
Chunk 2：它能夠理解和生成自然語言文本。
```

在這個例子中，「深度學習的一個重要分支」這個完整的概念被逗號切開了。雖然句子本身沒有被從中間截斷，但如果 chunk_size 更小，或者句子結構更複雜，就很容易發生問題。例如，如果切分點在「重要分支」中間，這個關鍵片語就會被破壞。檢索器在比對「什麼是重要分支？」這類問題時，效能就會下降。

接著我們試著將 chunk_overlap 調整為 10，看一下會有什麼不同的變化：

```
1.  from langchain.text_splitter import CharacterTextSplitter
2.
3.  text = "大型語言模型是深度學習的一個重要分支，它能夠理解和生成自然語言文本。"
4.
5.  text_splitter_no_overlap = CharacterTextSplitter(
6.      separator="，",
7.      chunk_size=25,
8.      chunk_overlap=10
9.  )
10.
11. chunks = text_splitter_no_overlap.split_text(text)
12.
13. print("--- 有重疊的切分結果 ---")
14. for i, chunk in enumerate(chunks):
15.     print(f"Chunk {i + 1}: {chunk}")
```

將參數調整後執行，應該可以看到如下的結果：

```
--- 有重疊的切分結果 ---
Chunk 1：大型語言模型是深度學習的一個重要分支
Chunk 2：的一個重要分支，它能夠理解和生成自然語言文本。
```

可以看到 Chunk 2 的開頭部分的一個重要分支，這部分是從 Chunk 1 的結尾「繼承」過來的。這樣一來，無論檢索器最終搜尋到 Chunk 1 還是 Chunk 2，它都能獲得圍繞「重要分支」這個概念更完整的上下文。chunk_overlap 成功地在切分邊界上架起了一座橋樑，確保了語意的連續性，從而提升了檢索的準確性。

接著我們來看一下「遞迴文本切割」（Recursive Character Text Splitting）這是 LangChain 中預設且更聰明的策略。它會嘗試以一個有序的列表來遞迴切割文本，以最大程度地保留文本的語意結構，在實際應用情境當中，也是一個相對通用的一種切割策略。同樣我們也使用剛剛提到的勞基法第 38 條來進行範例展示：

```
1.  from langchain.text_splitter import
    RecursiveCharacterTextSplitter
2.
3.  law_text = """
4.  第 38 條
5.  勞工在同一雇主或事業單位，繼續工作滿一定期間者，應依下列規定給予
    特別休假：
6.  一、六個月以上一年未滿者，三日。
7.  二、一年以上二年未滿者，七日。
8.  三、二年以上三年未滿者，十日。
9.  四、三年以上五年未滿者，每年十四日。
10. 五、五年以上十年未滿者，每年十五日。
11. 六、十年以上者，每一年加給一日，加至三十日為止。
12. 前項之特別休假期日，由勞工排定之。但雇主基於企業經營上之急迫需求
    或勞工因個人因素，得與他方協商調整。
```

```
13.     雇主應於勞工符合第一項所定特別休假條件時,告知勞工依前二項規定排定
        特別休假。
14.     """
15.
16.     # 使用遞歸字元分塊
17.     text_splitter = RecursiveCharacterTextSplitter(
18.         chunk_size=100,    # 區塊目標大小
19.         chunk_overlap=10
20.     )
21.
22.     chunks = text_splitter.create_documents([law_text])
23.
24.     # 看看切分結果
25.     for i, chunk in enumerate(chunks):
26.         print(f"--- Chunk {i + 1} ---\n{chunk.page_content}\
        n")
```

撰寫完成後,讓我們執行一下這段程式碼,應該要可以得到下面這個結果:

```
---- Chunk 1 ---
第 38 條
勞工在同一雇主或事業單位,繼續工作滿一定期間者,應依下列規定給予特別休
假:
一、六個月以上一年未滿者,三日。
二、一年以上二年未滿者,七日。
三、二年以上三年未滿者,十日。

--- Chunk 2 ---
四、三年以上五年未滿者,每年十四日。
五、五年以上十年未滿者,每年十五日。
六、十年以上者,每一年加給一日,加至三十日為止。
```

```
--- Chunk 3 ---
前項之特別休假期日，由勞工排定之。但雇主基於企業經營上之急迫需求或勞工
因個人因素，得與他方協商調整。
雇主應於勞工符合第一項所定特別休假條件時，告知勞工依前二項規定排定特別
休假。
```

相較之下，遞迴切割的結果就「聰明」得多。它優先以換行符來切分，成功地將不同年資的休假天數規定，以及後續的排定、告知義務等各自獨立的段落劃分開來。相對於 CharacterTextSplitter 的切割結果，透過這個方法切割出的每個 Chunk 都像一個獨立的知識點，這對於後續的精準檢索極為有利。

最後是「語意分塊」（Semantic Chunking），這是一種更先進的策略，它利用 Embedding 模型來判斷句子間的語意關聯度，從語意的角度來決定切分點。這部分雖然可以最大程度的提高切割段落的語意關聯，但缺點顯而易見，就是需要耗費額外的成本來呼叫 Embedding 模型，我們同樣透過剛剛的勞基法來做一個簡單的範例展示：

> **Tips**
> 記得使用 "pip install langchain_experimental" 安裝套件！

```
1.  from dotenv import load_dotenv
2.  from langchain_openai import OpenAIEmbeddings
3.  from langchain_experimental.text_splitter import
    SemanticChunker
4.
5.  load_dotenv("./.env")
6.
7.  # 我們的範例法律文本，包含兩個不同主題的法條
8.  law_text = """
9.  第 38 條
```

```
10. 勞工在同一雇主或事業單位，繼續工作滿一定期間者，應依下列規定給予
    特別休假：
11. 一、六個月以上一年未滿者，三日。
12. 二、一年以上二年未滿者，七日。
13. 三、二年以上三年未滿者，十日。
14. 四、三年以上五年未滿者，每年十四日。
15. 五、五年以上十年未滿者，每年十五日。
16. 六、十年以上者，每一年加給一日，加至三十日為止。
17. 前項之特別休假期日，由勞工排定之。但雇主基於企業經營上之急迫需求
    或勞工因個人因素，得與他方協商調整。
18. 雇主應於勞工符合第一項所定特別休假條件時，告知勞工依前二項規定排
    定特別休假。
19. """
20.
21. embeddings = OpenAIEmbeddings(model="text-embedding-3-small")
22.
23. text_splitter = SemanticChunker(
24.     embeddings,
25.     breakpoint_threshold_type="percentile"  # 使用百分位數作為切分點閾值
26. )
27.
28. chunks = text_splitter.create_documents([law_text])
29.
30. # 看看切分結果
31. for i, chunk in enumerate(chunks):
32.     print(f"--- Chunk {i + 1} ---\n{chunk.page_content}\n")
```

可以看到在第 21 以及第 24 行的部分，我們設定了要使用的 embedding 模型，這邊如果你使用的 embedding 模型與範例不同，或甚至 embedding 模型本身有更版，切割出來的結果可能會與書中的結果不同是正常的，下面讓我們看一下筆者這邊切割出的結果：

```
--- Chunk 1 ---

第 38 條
勞工在同一雇主或事業單位，繼續工作滿一定期間者，應依下列規定給予特別休假：
一、六個月以上一年未滿者，三日。
二、一年以上二年未滿者，七日。
三、二年以上三年未滿者，十日。
四、三年以上五年未滿者，每年十四日。
五、五年以上十年未滿者，每年十五日。
六、十年以上者，每一年加給一日，加至三十日為止。
前項之特別休假期日，由勞工排定之。但雇主基於企業經營上之急迫需求或勞工因個人因素，得與他方協商調整。
雇主應於勞工符合第一項所定特別休假條件時，告知勞工依前二項規定排定特別休假。
```

可以看到模型判斷出這一整個條文在語意上是高度相關的，因此將它們合併成一個完整的 Chunk。這種切分方式確保了每個區塊的資訊都是圍繞一個核心主題，非常適合用於問答系統。

最後我們透過表 6-1 來彙整一下剛剛提到的三種切割文本的方式。另外，本書中提及的三種切割文本方式皆為相對傳統通用的，隨著時代的進步，有越來越多新的方式可以更加的有效率來進行文本的切割，有興趣的讀者也可以到 LangChain 的官網查看！

表 6-1　三種切割文本方式彙整表

	固定大小切割	遞迴文本切割	語意文本切割
核心方法	一固定字元數切割	依分隔符遞迴切分	依照語意關聯度切割
優點	簡單、快速	保留文本結構、平衡效能與品質	語意內聚性最強，最能保留上下文
缺點	容易破壞語意結構	對無清晰分隔符號的文本效果較差	成本高、速度慢
適用場景	格式統一的簡單文本	相對通用，適用多數文件	需要高度語意理解的複雜文件

6-2 檢索策略（Retrieve Strategy）

將資料成功切分並向量化後，下一步就是如何從中高效地檢索資訊。傳統的 RAG 系統大多依賴基礎的「向量相似度搜尋」，即計算使用者問題的向量與資料庫中所有 Chunks 向量的相似度，並返回最接近的前 K 個結果。

這種方法是 RAG 的基石，雖然在許多情況下表現良好，但在處理複雜查詢或特定情境時，往往會遇到瓶頸。例如：

使用者的問題很籠統，可能包含多個子問題。

檢索到的文本片段太短，缺乏足夠的上下文讓 LLM 理解。

使用者的問題包含必須精確匹配的專有名詞或產品型號。

6-2 檢索策略（Retrieve Strategy）

為了應對這些挑戰，業界發展出多種進階的檢索策略。本章節將深入介紹三種在 LangChain 中實作且效果顯著的策略：**多查詢檢索（Multi-Query Retrieval）**、**父文件檢索（Parent Document Retrieval）**以及**混合搜尋（Hybrid Search）**。

首先讓我們來介紹「多查詢檢索」（Multi-Query Retrieval）。在一般狀況下，使用者提出的問題往往只有一種表述方式，但其背後可能蘊含多個子問題或不同的意圖角度。多查詢檢索策略的核心思想是，**利用 LLM 圍繞原始問題，自動生成多個不同角度的相似問題，然後將這些問題的查詢結果合併**，從而擴大檢索的覆蓋面，提高召回率。讓我們來看下面這段範例：

```
1.  import logging
2.  from dotenv import load_dotenv
3.  from langchain_openai import ChatOpenAI, OpenAIEmbeddings
4.  from langchain_core.vectorstores import
    InMemoryVectorStore
5.  from langchain.retrievers.multi_query import
    MultiQueryRetriever
6.
7.  load_dotenv(".env")
8.
9.  # 設定日誌，以便觀察 LLM 生成的查詢
10. logging.basicConfig()
11. logging.getLogger("langchain.retrievers.multi_query").
    setLevel(logging.INFO)
12.
13. # 知識庫文件
14. documents = [
15.     "RAG 系統的核心優勢在於它能結合預訓練模型的廣泛知識與即時、特定的外部數據，從而提供更準確、更新的答案。",
16.     "實現一個高效的 RAG 應用時，常見的挑戰包括如何設計最佳的 Chunking 策略以及優化檢索的精準度。",
```

06　提升 RAG 系統的準確度

```
17.     "與模型微調（Fine-tuning）相比，RAG 在知識更新上更具靈活性
        且成本較低，但對於學習特定風格或行為則非其所長。",
18.     "提升 RAG 效能的關鍵步驟包含：資料前處理、選擇合適的
        Embedding 模型、以及後續的重排序（Re-ranking）。",
19. ]
20.
21. # 建立基礎檢索器
22. embeddings = OpenAIEmbeddings(model="text-embedding-3-
    small")
23. vectorstore = InMemoryVectorStore.from_texts(texts=
    documents, embedding=embeddings)
24. retriever = vectorstore.as_retriever()
25.
26. # 建立 MultiQueryRetriever
27. llm = ChatOpenAI(temperature=0, model="gpt-4o")
28. multi_query_retriever = MultiQueryRetriever.from_llm(
29.     retriever=retriever, llm=llm
30. )
31.
32. # 執行查詢
33. query = "RAG 系統的優缺點是什麼？"
34. retrieved_docs = multi_query_retriever.invoke(query)
35.
36. print("\n--- 最終檢索到的文件 ---")
37. # 結果會自動去重
38. for doc in retrieved_docs:
39.     print(doc.page_content)
```

執行程式碼後，你會在終端機當中看到類似以下的輸出，這些內容都是藉由 LLM 自動擴展的問題，可以有助於我們將使用者模糊的問題更加具象化。

6-16

```
INFO:langchain.retrievers.multi_query:Generated queries:
['RAG 系統有哪些優勢和劣勢？', 'RAG 系統的好處和不足之處有哪些？',
'RAG 系統的長處和短處是什麼？']
```

接著是「父文件檢索」（Parent Document Retriever）。在 Chunking 時，我們常常面臨兩難：小 Chunk 有利於精準定位，但包含的上下文太少；大 Chunk 上下文完整，但可能包含太多雜訊。父文件檢索策略巧妙地解決了這個問題。

它的做法是，**將文件切分成較小的「子 Chunks」用於建立索引和搜尋，但同時保留這些子 Chunks 所屬的、較大的「父 Chunks」**。當檢索到相關的子 Chunk 時，系統實際返回的是其對應的、包含更完整上下文的父 Chunk。當需要精準定位特定資訊，同時又需要提供完整上下文給 LLM 時，例如法律條文、技術手冊或研究論文的查詢。讓我們看一下下面這段範例：

```
1.   from dotenv import load_dotenv
2.   from langchain.storage import InMemoryStore
3.   from langchain_core.vectorstores import
     InMemoryVectorStore
4.   from langchain_openai import OpenAIEmbeddings
5.   from langchain.retrievers import ParentDocumentRetriever
6.   from langchain.text_splitter import
     RecursiveCharacterTextSplitter
7.   from langchain_core.documents import Document
8.
9.   load_dotenv(".env")
10.
11.  docs = [
12.       {
13.            "doc_id": "LAW-001",
```

```
14.         "content": "勞動基準法第 38 條：勞工在同一雇主或事業單
    位，繼續工作滿一定期間者，應依下列規定給予特別休假：一、六個月以上
    一年未滿者，三日。二、一年以上二年未滿者，七日。前項之特別休假期日，
    由勞工排定之。"
15.     }
16. ]
17.
18. child_splitter = RecursiveCharacterTextSplitter(chunk_
    size=100, chunk_overlap=20)
19. parent_splitter = RecursiveCharacterTextSplitter(chunk_
    size=400, chunk_overlap=50)
20.
21. parent_retriever = ParentDocumentRetriever(
22.     vectorstore=InMemoryVectorStore(embedding=OpenAIEmbed
    dings(model="text-embedding-3-small")),
23.     docstore=InMemoryStore(),
24.     child_splitter=child_splitter,
25.     parent_splitter=parent_splitter,
26. )
27.
28. # 正確加入 Document 物件
29. documents = [Document(page_content=d["content"],
    metadata={"doc_id": d["doc_id"]}) for d in docs]
30. parent_retriever.add_documents(documents)
31.
32. # 執行查詢
33. query = "工作半年特休幾天？"
34. retrieved_docs = parent_retriever.invoke(query)
35.
36. print(f"\n--- 檢索到的父文件（共 {len(retrieved_docs)} 份
    ）---")
37. print(retrieved_docs[0].page_content)
```

儘管我們的查詢「工作半年特休幾天？」只會匹配到包含「六個月以上一年未滿者，三日」這句話的細小子 Chunk，但可以看到 ParentDocumentRetriever 最終返回的結果是包含這句話的、更完整的父 Chunk（即整個第 38 條的原文）。這確保了 LLM 在回答問題時，能看到完整的法條上下文，從而生成更準確的答案。

> -- 檢索到的父文件（共 1 份）---
> 勞動基準法第 38 條：勞工在同一雇主或事業單位，繼續工作滿一定期間者，應依下列規定給予特別休假：一、六個月以上一年未滿者，三日。二、一年以上二年未滿者，七日。前項之特別休假期日，由勞工排定之。

最後是「混合搜尋」（Hybrid Search）。向量搜尋擅長捕捉語意相關性，但有時會忽略使用者明確指定的**關鍵字**。例如，當使用者搜尋特定產品型號「GPT-4o」時，向量搜尋可能會返回語意相近但型號錯誤的「GPT-3.5」的資訊。傳統的關鍵字搜尋（如 BM25 演算法）正好能彌補這一點。

混合搜尋就是**將向量搜尋（密集向量）和關鍵字搜尋（稀疏向量）的結果進行結合，並重新計分排序，從而兼顧語意相關性與關鍵字精確性**。這種搜尋方式幾乎適用於所有場景，特別是當使用者查詢中可能包含專有名詞、產品代號、錯誤碼或特定術語時。

這個策略的實作與後端向量資料庫高度相關。許多現代向量資料庫（如 **MongoDB Atlas**、Pinecone、Weaviate 等）都內建了混合搜尋的功能。在本書先前章節中我們介紹了 MongoDB Atlas，就是一個很好的例子。而如果將其使用 MongoDB 的聚合查詢進行撰寫的概念如下：

> **Tips**
> 此為概念性程式碼，僅用於展示！

```python
from pymongo import MongoClient
from langchain_core.documents import Document
from langchain_openai import OpenAIEmbeddings
import os
from dotenv import load_dotenv

load_dotenv(".env")

# MongoDB Atlas 設定
client = MongoClient(os.getenv("MONGODB_ATLAS_URI"))
db = client["your_db"]
collection = db["your_collection"]

# 建立 embeddings
embeddings = OpenAIEmbeddings(model="text-embedding-3-small")

# 查詢
query = "如何解決連線錯誤碼 503？"
query_embedding = embeddings.embed_query(query)

# Aggregation pipeline for Hybrid Search（文字＋向量）
pipeline = [
    {
        "$search": {
            "index": "your_vector_search_index",
            "compound": {
                "should": [
                    {
                        "text": {
                            "query": query,
                            "path": "content",
```

```
32.                            "score": {"boost": {"value": 2}}
33.                         }
34.                      },
35.                      {
36.                         "vectorSearch": {
37.                            "queryVector": query_embedding,
38.                            "path": "embedding",
39.                            "numCandidates": 50,
40.                            "limit": 5
41.                         }
42.                      }
43.                   ]
44.                }
45.             }
46.       },
47.       {"$project": {"content": 1, "score": {"$meta": "searchScore"}}}
48. ]
49.
50. results = list(collection.aggregate(pipeline))
51.
52. # 轉換結果為 LangChain Documents
53. documents = [
54.     Document(page_content=result["content"], metadata={"score": result["score"]})
55.     for result in results
56. ]
57.
58. for doc in documents:
59.     print(f"{doc.metadata['score']:.2f}: {doc.page_content}")
```

這段程式透過 MongoDB Atlas 的 $search 聚合管道同時進行文字搜尋與向量搜尋，達成「混合搜尋」效果。首先使用 OpenAI 的 embedding 模型將查詢字串轉為向量，然後建立 MongoDB 查詢管道，結合文字和向量兩種搜尋方法，以獲取兼具語意和關鍵字相關性的文件。搜尋結果最後再轉換為 LangChain 文件物件，以供後續應用。

最後我們同樣透過表 6-2 來協助各位進行三種策略的分析：

表 6-2　檢索策略彙整表

	多查詢檢索	父文件檢索	混合搜尋
概念	利用 LLM 生成多個查詢變體，擴大搜尋範圍。	利用 LLM 生成多個查詢變體，擴大搜尋範圍。	利用 LLM 生成多個查詢變體，擴大搜尋範圍。
解決問題	使用者單一問題的表述不夠全面，導致召回率低。	使用者單一問題的表述不夠全面，導致召回率低。	使用者單一問題的表述不夠全面，導致召回率低。
適用場景	問題較籠統或複雜，可能涵蓋多個子主題。	問題較籠統或複雜，可能涵蓋多個子主題。	問題較籠統或複雜，可能涵蓋多個子主題。

6-3 重排序（Re-rank）

這個小節我們會介紹一下 Re-rank 這個概念，在開始前我們先前往 Cohere 官網註冊並申請 API Key。Cohere 提供了一些向量模型、Re-rank 模型，對於有需要進行 Re-rank 的使用者來說是非常好用的雲端服務。進入剛剛的網址後應該可以看到如圖 6-1 所示的畫面，這時需要各位讀者準備一下 Google 帳號或自行註冊。

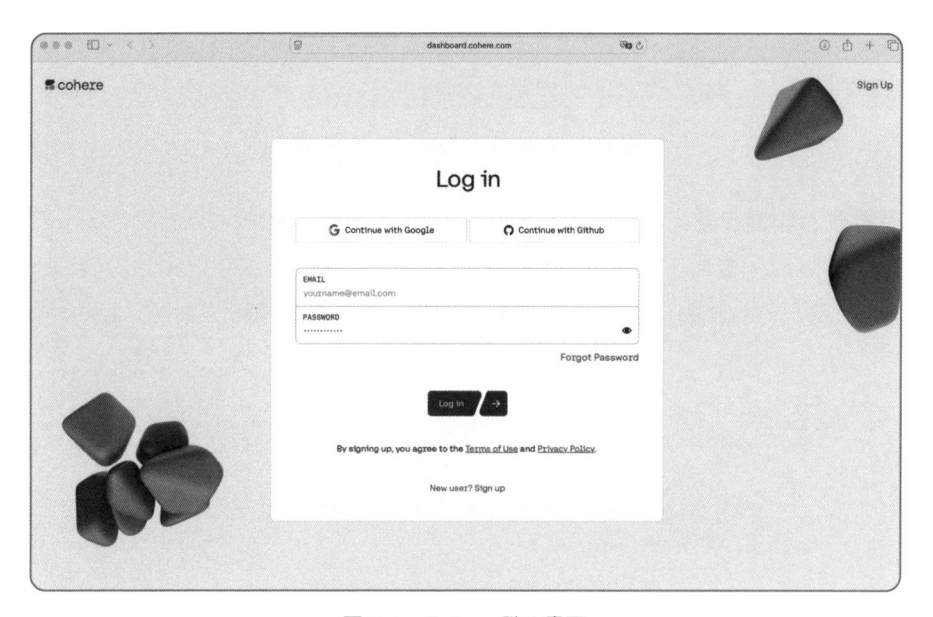

圖 6-1　Cohere 登入畫面

登入成功後應該可以看到如圖 6-2 所示的 Dashboard 畫面，可以看到 Cohere 的簡介、服務列表等等的一些資訊，日後有需要一些相關文件也可以來這裡找到連結。

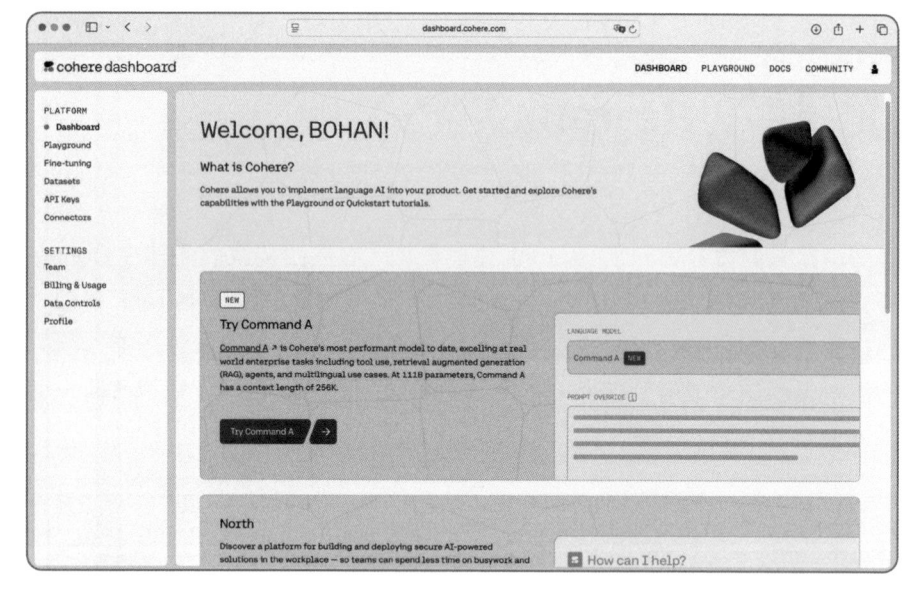

圖 6-2　Cohere「Dashboard」畫面

接著我們點選左側側邊欄的 API Keys 選項，點進去後應該可以看到如圖 6-3 所示的畫面，畫面中可以看到 Cohere 已經協助我們建立好一組預設的 API Key，讓我們直接點選眼睛的符號並進行複製保存到我們的 ".env" 當中。

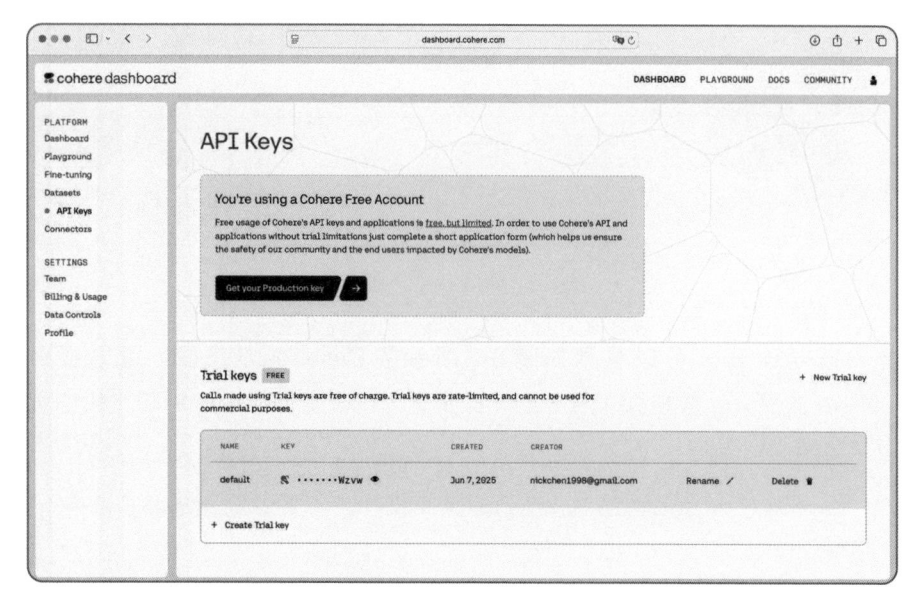

圖 6-3　Cohere API Key

為了避免讀者忘記，下面列出我們 ".env" 當中目前所有應該要有的 API Key。

```
1.   OPENAI_API_KEY="xxx"
2.   MONGODB_URI = "xxx"
3.   COHERE_API_KEY="xxx"
```

註冊完之後，讓我們回到這個小節的主軸 Re-rank。在經過 Chunking 和檢索策略的優化後，我們已經得到了一批初步的候選文件。然而，第一階段的檢索（通常稱為「粗排」）為了追求速度，其排序的精準度可能還不夠理想。有時，最相關的文件可能排在第三或第四位，而不是第一位，這種情況在語意相似但細節有別的知識庫中尤其常見。

這時，我們就可以引入一個額外的步驟——**重排序（Re-ranking）**。重排序（或稱「精排」）是在初步檢索之後，使用一個更強大、更精細的模型，對排名前 N 個的候選文件進行重新評估和排序，將最相關的文件提升到最前面的過程。

要理解其重要性，我們必須先了解檢索器（Retriever）和重排序器（Re-ranker）在技術上的根本區別：

- **檢索器（Retriever）**：這個階段會為「問題」和「知識庫中的每個 Chunk」各自獨立地計算出向量。檢索時，系統只進行快速的向量相似度計算，就像是比較兩張預先寫好的「摘要卡片」。這種方式速度極快，適合從數百萬份文件中進行大規模的初步篩選，但它並未在查詢當下直接比較問題和文件的原文，因此對相關性的判斷不夠精細。

- **重排序（Re-ranker）**：而在進行重排序時，會將「問題」和「每一個候選文件」成對地同時輸入模型，讓模型在完整的上下文中深度分析兩者的相關性。這就像一位專家，把你的問題和一份候選文件並排放在一起，逐字逐句地閱讀和比對，從而給出一個極為精準的相關性分數。這種方式判斷精準，但計算成本高昂，不適合對整個資料庫進行操作。

06 提升 RAG 系統的準確度

因此，RAG 系統中的最佳實踐是將兩者結合，先用快速的 Retriever 從海量資料中篩選出前 N 個（例如前 25 名）可能的候選文件。接著再用精準的 Re-ranker 對這 N 個文件進行重新排序，選出最終的前 K 個（例如前 3 名）提交給 LLM。

接下來，我們將透過一個實際的程式碼範例，來展示引入 Re-rank 前後的差異。這邊假設一個情境，我們的知識庫中有多份關於 LangChain 文本切割工具的文件，但只有一份明確指出哪一個是「預設且最推薦」的。我們的目標是，當使用者提問時，能夠精準地找出這份最重要的文件並將其排在第一位。

> **Tips**
>
> 記得使用 "pip install langchain-cohere" 安裝套件！，並將 Cohere 的 API Key 放置於 ".env" 檔案當中。

```
1.  from dotenv import load_dotenv
2.  from langchain_openai import OpenAIEmbeddings
3.  from langchain_core.vectorstores import
    InMemoryVectorStore
4.
5.  load_dotenv(".env")
6.
7.  # 我們的知識庫文件
8.  documents = [
9.      "CharacterTextSplitter 是 LangChain 中最基礎的文本切割工
    具，它依據固定的字元數進行切割。",
10.     "RAG 系統的成功在很大程度上取決於其資料準備階段，也就是文本
    的 Chunking 策略。",
11.     "SemanticChunker 是一種先進的切割工具，它利用語意相似性來
    決定切分點，效果優異但計算成本較高。",
```

6-3 重排序（Re-rank）

```
12.         "RecursiveCharacterTextSplitter 是 LangChain 中預設且
    最常用的策略，它會試圖根據段落和換行符來維持文本結構的完整性，是多
    數情況下的首選。",
13. ]
14.
15. # 建立 Embedding 模型與向量資料庫
16. embeddings = OpenAIEmbeddings(model="text-embedding-3-
    small")
17. vectorstore = InMemoryVectorStore.from_texts(
18.     texts=documents,
19.     embedding=embeddings
20. )
21.
22. # 建立基礎檢索器
23. retriever = vectorstore.as_retriever(search_kwargs={"k":
    4})   # 讓它返回所有 4 個文件以便比較
24.
25. # 直接使用基礎檢索器進行搜尋
26. query = "LangChain 最推薦的預設文本切割工具是什麼？"
27. retrieved_docs = retriever.invoke(query)
28.
29. print("--- 未經 Re-rank 的檢索結果 ---")
30. for i, doc in enumerate(retrieved_docs):
31.     print(f"Rank {i + 1}: {doc.page_content}")
```

讓我們來看看這段程式碼執行之後的結果：

--- 未經 Re-rank 的檢索結果 ---
Rank 1: CharacterTextSplitter 是 LangChain 中最基礎的文本切割工具，它依據固定的字元數進行切割。
Rank 2: RecursiveCharacterTextSplitter 是 LangChain 中預設且最常用的策略，它會試圖根據段落和換行符來維持文本結構的完整性，是多數情況下的首選。

> Rank 3：SemanticChunker 是一種先進的切割工具，它利用語意相似性來決定切分點，效果優異但計算成本較高。
>
> Rank 4：RAG 系統的成功在很大程度上取決於其資料準備階段，也就是文本的 Chunking 策略。

在這個範例中我們可以看到搜尋結果的第一位是 CharacterTextSplitter 這個段落，然而在 6-1 節當中我們有提到預設最推薦的應該是 RecursiveCharacterTextSplitter 才對，這是因為其他文件包含了「RAG」、「Chunking 策略」、「切割工具」等高相關性詞彙，很可能在向量空間中距離更近，從而導致這個結果。而透過 Re-ranker 的價值在於能穩定地將最精確的答案提升至首位。

現在，我們引入 CohereRerank，並接續剛剛的程式碼來進行撰寫：

```
1.  from dotenv import load_dotenv
2.  from langchain_openai import OpenAIEmbeddings
3.  from langchain_core.vectorstores import InMemoryVectorStore
4.  from langchain_cohere import CohereRerank
5.
6.  load_dotenv(".env")
7.
8.  # 我們的知識庫文件
9.  documents = [
10.     "CharacterTextSplitter 是 LangChain 中最基礎的文本切割工具，它依據固定的字元數進行切割。",
11.     "RAG 系統的成功在很大程度上取決於其資料準備階段，也就是文本的 Chunking 策略。",
12.     "SemanticChunker 是一種先進的切割工具，它利用語意相似性來決定切分點，效果優異但計算成本較高。",
13.     "RecursiveCharacterTextSplitter 是 LangChain 中預設且最常用的策略，它會試圖根據段落和換行符來維持文本結構的完整性，是多數情況下的首選。",
```

```
14. ]
15.
16. # 建立 Embedding 模型與向量資料庫
17. embeddings = OpenAIEmbeddings(model="text-embedding-3-
    small")
18. vectorstore = InMemoryVectorStore.from_texts(
19.     texts=documents,
20.     embedding=embeddings
21. )
22.
23. # 建立基礎檢索器
24. retriever = vectorstore.as_retriever(search_kwargs={"k":
    4})   # 讓它返回所有 4 個文件以便比較
25.
26. # 直接使用基礎檢索器進行搜尋
27. query = "LangChain 最推薦的預設文本切割工具是什麼？"
28. retrieved_docs = retriever.invoke(query)
29.
30. # 使用 CohereRerank 進行重排序
31. reranker = CohereRerank(model="rerank-multilingual-v3.0")
32. reranked_docs = reranker.compress_documents(
33.     documents=retrieved_docs,
34.     query=query
35. )
36.
37. print("--- 經 Re-rank 的檢索結果 ---")
38. for i, doc in enumerate(reranked_docs):
39.     print(f"Rank {i + 1}: {doc.page_content}")
40.     print("Score:", doc.metadata.get("relevance_score",
    "N/A"))
```

可以看到在上面這段程式碼當中，我們在第 31～34 行將搜尋出來的文本以及同樣的 query 放入 CohereRerank 物件當中，這個物件會協助我們去呼叫 Cohere 所提供的 Re-rank API，並將結果同樣以 Document 的型態回傳回來。

而在第 37～40 行的時候，我們透過迴圈的方式將結果印出來，除了將原本的文本印出來之外，也可以看到多了一行將 "relevance_score" 的分數印出來的步驟，這個欄位是透過呼叫 Cohere Re-rank API 後會自動取得的分數，而結果也將依照這個分數進行排序，接著就讓我們看一下執行後的結果：

```
--- 經 Re-rank 的檢索結果 ---
Rank 1: RecursiveCharacterTextSplitter 是 LangChain 中預設且最
常用的策略，它會試圖根據段落和換行符來維持文本結構的完整性，是多數情況
下的首選。
Score: 0.99608517
Rank 2: CharacterTextSplitter 是 LangChain 中最基礎的文本切割工
具，它依據固定的字元數進行切割。
Score: 0.9949397
Rank 3: SemanticChunker 是一種先進的切割工具，它利用語意相似性來決
定切分點，效果優異但計算成本較高。
Score: 0.0024822766
```

可以看到這次的結果，非常清晰地展示了 Re-ranker 的效果，它正確的將我們所希望的答案排序在了第一位，並且篩選掉了最不相關的段落，確保了提交給 LLM 的上下文是最高品質的。

> **Tips**
> 若需要更改 Cohere API 回傳的文本數量，可以設定 CohereRerank 物件當中的 "top_n" 屬性，該屬性預設值為 3，因此這邊才會只有回傳出 3 個結果。

最後讓我們簡單做個結論，引入重排序（Re-rank）能顯著提升檢索的精準度，為語言模型過濾掉無關的噪音，提供更聚焦的上下文。不過由於增加了一次 API 呼叫，系統會產生些微的延遲與額外成本。儘管如此，對於法律、醫療等對準確性要求極高的應用而言，它是將一個「可用」的 RAG 系統，升級為一個真正「可靠」系統的關鍵步驟。

6-4 提示工程 Prompt Engineer

在前面的小節中，我們投入了大量心力在優化「檢索」階段：透過高效的 **Chunking**、進階的**檢索策略**以及精準的 **Re-rank**，我們已經能確保提供給大型語言模型（LLM）的參考資料是高度相關且品質優良的。

然而，即使我們找到了最完美的參考資料，整個 RAG 的任務也才完成了一半。接下來，我們必須面對一個同樣關鍵的問題：**如何讓 LLM 理解並正確地「使用」我們辛苦檢索來的這些資料？**這就是「提示工程」（Prompt Engineering）發揮作用的地方。

它是在 RAG 流程中，連接「檢索」與「生成」兩個環節的關鍵橋樑。一個設計精良的提示，就如同給予 LLM 一份清晰的「任務說明書」，引導它根據我們提供的證據，生成不僅忠於事實，且能精準回應使用者意圖的答案。

06 提升 RAG 系統的準確度

反之,一個模糊不清的提示,則可能讓前面所有的優化工作功虧一簣,導致模型產生「幻覺」或答非所問。

要打造一個能穩定產出高品質答案的 RAG 系統,我們的提示語需要結構化。根據多份研究與實踐,一個有效的提示通常由幾個關鍵元素構成。雖然並非每次都需要包含所有元素,但理解它們的功能,能幫助我們更有系統地進行設計,讓我們透過表 6-3 來協助各位進行彙整。

表 6-3 提示工程常用元素

元素	說明	應用
角色	設定一個身份或背景,引導其回答的語氣、風格和知識視角。	角色通常被設定為**依據特定文件回答問題的專家**,例如:「你是一位專業的醫療顧問,請根據下列專業文件回答使用者的健康問題。」
上下文	放置從向量資料庫中檢索出的參考文件片段。	這是模型的**唯一事實來源**。我們必須使用清晰的分隔符(如 --- 或 """)將這部分與提示的其他部分隔開,讓模型明確知道哪些是需要參考的「證據」。
指令	明確告知 LLM 需要執行的具體任務,特別是**如何處理檢索上下文**。	是防止模型幻覺的關鍵。指令必須包含:「**嚴格根據**提供的『檢索上下文』來回答」以及「**不要使用文件以外的任何知識**」。
問題	放置使用者最原始的提問。	這是 RAG 系統需要解決的核心問題,應清晰地呈現在提示中。
限制	設定答案的風格、長度、格式,以及找不到答案時的策略。	明確指示「如果文件中找不到答案,請回答『根據提供的資料,我無法回答這個問題』」,以避免模型在資訊不足時胡亂猜測。
格式	限制回覆的樣式	可要求以條列式、JSON 或特定語氣回答,讓輸出更易於使用。

6-4 提示工程 Prompt Engineer

讓我們透過一個具體的例子,來看看提示設計的好壞會對 RAG 系統的輸出產生多大的影響。首先讓我們設想一個情境:使用者提問「工作半年的特休有幾天?」我們的檢索器從《勞動基準法》中找回了第 38 條的內容。

一個新手可能會很直覺地將檢索到的內容和問題直接拼接在一起:

```
# 檢索到的上下文
context = "勞動基準法第 38 條:勞工在同一雇主或事業單位,繼續工作滿一定期間者,應依下列規定給予特別休假:一、六個月以上一年未滿者,三日。二、一年以上二年未滿者,七日。"
user_question = "工作半年的特休有幾天?"

# 糟糕的提示模板
# 只是簡單地將上下文和問題組合
bad_prompt_template = """
{context}

問題:{user_question}
"""

bad_prompt = bad_prompt_template.format(context=context, user_question=user_question)
print(bad_prompt)
```

這個提示**極度模糊且充滿風險**,它完全依賴模型的「自覺」,如果 context 包含多份文件,直接拼接會讓模型難以區分,可能導致它錯誤地融合不同文件的內容。接著,由於缺乏焦點和格式限制,LLM 可能會過度發揮,不僅回答問題,還附帶大量的額外評論、不相關的法條解釋,或是用非常口語化的方式回答,導致輸出內容冗長且不專業。

另外,提示中沒有任何指令要求模型必須依據 context 回答。如果檢索到的 context 剛好不相關,或模型自身的訓練資料中包含了舊的法規,它很可能會忽略我們提供的上下文，轉而使用自己記憶中的（可能已過時的）知識來回答，從而編造出錯誤的答案。

現在，我們運用前面提到的「關鍵組成元素」，來建構一個結構清晰、指令明確的優良提示：

```
# 優良的提示模板
good_prompt_template = """
你是一位專業的人力資源法規顧問。請嚴格根據下方「提供的參考文件」中的內容，簡潔地回答使用者的問題。

你的回答必須完全基於參考文件，絕對不要使用文件以外的任何知識。
如果文件中明確找不到答案，請直接回答「根據提供的資料，我無法回答這個問題。」

提供的參考文件：
---
{context}
---

問題：{user_question}

回答（請直接針對問題回答，不要有多餘的開場白）：
"""

good_prompt = good_prompt_template.format(context=context, user_question=user_question)
print(good_prompt)
```

這個提示透過精心的設計，從多個層面引導並約束了模型的行為，顯著提升了 RAG 系統的可靠性：首先，我們設定了角色，告訴模型「你是一位專業的人力資源法規顧問」，這一步驟為模型的回答設定了專業、嚴謹的風格。接著我們給予了明確的指令與限制，可以看到「嚴格根據 ...」、「絕對不要使

用 ...」，這兩句話是**防止模型幻覺的核心**，強制它只能在我們提供的證據範圍內作答，是 RAG 提示工程最重要的原則。

最後我們定義了一些回答上的限制，例如：「如果找不到答案，請 ...」，這項指令避免了模型在資訊不足時為了「完成任務」而胡亂猜測，極大地提升了系統的誠實度和可靠性。

透過這樣的提示設計，LLM 的輸出將會變得高度可控且值得信賴。它會精準地從上下文中提取「六個月以上一年未滿者，三日」這一資訊，並給出「根據勞動基準法第 38 條，工作滿半年的勞工應有 3 日特別休假。」這樣簡潔、準確的回答。

然而雖然透過上面的一些方式給予模型明確的指令可以大幅提升模型回答的準確率，但是對於需要綜合多份文件或進行多步驟推理的複雜查詢，我們還需要進一步結合「思維鏈」（Chain-of-Thought, CoT）技術。其核心是**引導模型在給出最終答案前，先進行一步一步的邏輯推理**。

在 RAG 的情境下，我們可以要求模型先從檢索到的上下文中「提取所有相關事實」，然後再根據這些事實「組織並生成最終答案」，讓我們看一下下面這個範例：

```
cot_rag_prompt_template = """
你是一位分析師。請遵循以下步驟，根據提供的「參考文件」回答問題：
步驟 1：仔細閱讀下方提供的「參考文件」，並從中提取所有與使用者「問題」直接相關的事實。將這些事實條列式地寫在「相關事實」區塊。
步驟 2：根據你在步驟 1 中提取的事實，綜合整理成一個最終的、簡潔的答案，寫在「最終答案」區塊。

如果參考文件中沒有任何相關事實，請在「相關事實」區塊寫上「無相關事實」，並在「最終答案」區塊寫上「根據提供的資料，我無法回答這個問題。」

參考文件：
```

```
9.  ---
10. {context}
11. ---
12.
13. 問題：{user_question}
14.
15. 你的思考過程與答案：
16. """
```

這種提示將任務分解,迫使 LLM 進行更結構化的思考。這不僅能提高複雜問題的回答準確性,其輸出的「相關事實」部分也讓我們能清楚地看見模型的判斷依據,極大地提升了整個系統的可追溯性和可解釋性。

6-5 章節回顧

在這個章節當中,我們深入探討了如何將一個基礎的 RAG 系統,提升至具備高準確度的專業水準。我們了解到,要達成此目標,不能僅僅依賴單一環節的調整,而需要一套從資料源頭到最終輸出的系統性優化策略。本章節介紹的四項核心策略,共同構成了一套完整的 RAG 系統優化藍圖。

首先,我們從最基礎的**文本切割(Chunking)策略**著手。一個好的 Chunking 策略是後續所有步驟的基石,透過比較固定大小、遞歸字元及語意分塊等方法,我們掌握了如何將原始文件切分成大小適中且語意內聚的資訊單元,為精準檢索打下堅實基礎。

接著，在**檢索策略**（Retrieve Strategy）中，我們介紹了多查詢檢索、父文件檢索及混合搜尋等進階技術，這些策略能有效克服基礎向量搜尋在處理複雜或特定關鍵字查詢時的局限性，大幅提升檢索的召回率與穩健性。

為了進一步提升檢索結果的品質，還介紹了**重排序**（Re-rank）的概念。透過在初步檢索後引入一個更精細的交叉編碼器模型進行二次篩選，我們能夠過濾掉不相關的噪音，並將最符合使用者意圖的文件排在最前面，確保提供給 LLM 的上下文是最高品質的。

最後介紹了連接「檢索」與「生成」的關鍵橋樑：**提示工程**（Prompt Engineering）。我們學習了如何設計結構化、指令清晰的提示，引導 LLM 嚴格依據我們提供的上下文來生成答案，並定義了在找不到資訊時的後備策略，這是從根本上減少模型幻覺、確保答案忠實可靠的關鍵步驟。

透過掌握這些方法，我們將能夠更有信心地診斷並解決系統在各個環節可能遇到的問題，進而打造出不僅功能強大，更兼具高準確性與可靠性的智慧應用。

Note

07
RAG 在不同行業的應用與挑戰

7-1 企業知識庫 AI：如何運用 RAG 提升內部 FAQ 回答準確性？

7-2 法律 AI 助理：讓 AI 提供合規建議與文件檢索能力

7-3 醫療 AI 應用：如何確保 AI 在醫療領域提供可靠建議？

7-4 章節回顧

在前面的章節中，我們深入探討了生成式 AI 與 LLM 的基本概念，並學習如何透過 LangChain 這個開源工具，快速建置並整合各種外部資源，打造高效的 RAG 系統。同時，我們也詳細說明如何使用 DeepEval 等工具來進行系統評估與測試，確保系統的精準性與可靠性。透過前面章節的學習，相信各位讀者已經具備紮實的理論基礎，能夠理解 RAG 系統如何運作，以及如何進行系統效能的優化。

然而，理解技術理論與操作方法後，更關鍵的是如何將這些技術有效地落實到真實產業的各種應用場景當中。最後這個章節，我們將進一步帶領各位探討 RAG 系統在不同產業中的實務應用案例，例如企業透過 RAG 建置內部知識庫來提升常見問題（FAQ）回覆的準確性、法律產業運用 AI 助理進行法規與合規文件的檢索，以及醫療產業如何導入 AI 系統以支援醫療資訊查詢與輔助診斷決策。

本章節沒有實務操作，但會透過多個真實且具體的案例分析，清楚呈現各行各業是如何成功運用 RAG 技術，並且我們也會進一步探討這些產業在導入 RAG 系統時可能遇到的特殊挑戰，包括資料安全性、隱私保護、法規遵循等實際問題。期望透過這些案例分析，讓各位讀者能夠更清楚地看見 RAG 技術的價值與潛力，並掌握將此技術導入真實業務場景的關鍵思維與方法。

7-1 企業知識庫 AI：如何運用 RAG 提升內部 FAQ 回答準確性？

隨著 LLM 的應用越來越廣，許多企業開始嘗試將生成式 AI 結合自身知識庫，提升內部知識問答與 FAQ 系統的精確性。其中，RAG 技術成為關鍵方案。RAG 透過在模型生成答案前先檢索企業內部文件作為依據，讓 AI 回覆更貼近真實資料，減少憑空捏造的可能。在實務上，不論是在客服支援還是員工自助查詢，RAG 皆可顯著強化知識庫的查詢體驗。例如，一位 Qualcomm 的工程師就曾經藉助 RAG 系統找出了塵封 7 年的內部文件，成功解決長期技術問題，帶來令人驚喜的成果。

企業導入 RAG 強化知識庫的案例中，摩根士丹利財富管理部門是國際上的突出代表。作為全球最大的財富管理公司之一，摩根士丹利內部聚集了數十年累積的研究報告和投資知識。該公司率先在內部引入 GPT-4 模型結合 RAG，為旗下超過 1.6 萬名財務顧問打造專用的 AI 知識助手，用來解決龐大知識資產的管理難題。

透過將歷年來分散各處的分析報告集中到受控的內容儲存庫，並運用 GPT-4 的嵌入向量與檢索能力，摩根士丹利開發了內部 Chatbot 讓顧問能以自然語言檢索這些文件，再由模型生成精簡易懂的答案。同時，生成的回答會附上原始資料來源的連結，方便顧問追溯檢視。

這意味著每位財務顧問彷彿擁有一個 24 小時待命的投資專家級 AI 助手，能即時提供專業知識。而在客戶服務場景中，顧問只需詢問例如「某項理財產品的開戶流程」之類的問題，Chatbot 便可一步步列出完整步驟供其直接複製給客戶，大幅縮短過去人工搜尋整理的時間。

值得一提的是，摩根士丹利非常重視資料安全與合規：並未直接使用公開版的 ChatGPT 服務，而是採用內部部署的 GPT-4 模型，並對知識庫內容嚴格篩選。像是涉及交易策略等機敏資訊就不上傳雲端，確保敏感知識不會外流。

在台灣企業中也有成功運用 RAG 的實例。數位行銷公司 Welly 過去因業務擴張至近百人，內部累積了大量 SOP 檔案和客戶資訊，新人培訓與知識查詢耗費許多時間。為維持服務品質，Welly 與本土 AI 業者合作導入了企業專屬的 AI 知識庫。Solwen AI 團隊針對 Welly 的情境客製化 RAG 方案，將各部門的文件資料彙整向量化，打造出可用口語發問的內部知識庫系統，成功協助 Welly 完成數位轉型。

07　RAG 在不同行業的應用與挑戰

這套系統上線後的成果相當顯著，員工提問常見問題時，AI 能立即從知識庫中找出答案，新進人員也得以更快上手，據統計查找資訊與培訓所耗時間減少約 30%。由於回答引用的依據完全來自 Welly 自身的檔案內容，經過實際情境測試優化後，系統幾乎杜絕了生成式 AI 常見的「幻覺」現象，確保提供給員工的都是正確資訊。

此外，當員工提出的問題知識庫一時無法解答時，系統還會自動記錄並通知相關主管補充答案，持續完善內部知識庫的內容。透過這種人機協作的迴路，知識庫得以不斷更新成長，後續再有類似問題時 AI 即可直接回覆，大大提升了內部 FAQ 的覆蓋率和準確性。

當然，導入 RAG 技術並非一蹴可幾，企業在實施過程中往往會面臨各種挑戰，需要妥善應對。首先是**資料安全與權限**控管的課題：企業內部知識庫往往包含機密資訊，如何防止透過 AI 查詢而洩露出去是重中之重。

一般的作法是將 RAG 系統部署在私有環境，並針對不同敏感級別的內容設置嚴格的權限機制。例如某些本地方案採用了帶權限控管的 RAG 技術，允許管理者預先限定 AI 能檢索的資料範圍，確保生成內容不超出提問者的閱讀授權，同時在答案中標註資料來源以便核查。

摩根士丹利的專案也體現了這點，他們只讓 AI 存取經審核的知識庫並排除敏感數據，透過內控機制來降低合規風險。**內容品質與更新維護**也是一大挑戰：若企業文件品質良莠不齊或缺乏統一格式，向量化時可能影響檢索效果，因此上線前需進行資料清洗與結構標記。

而面對知識頻繁變動（例如政策更新或產品資訊變更），系統需設計自動同步機制將新資料不斷併入索引。像 Welly 的做法是透過記錄未解答問題並由主管補充知識的流程，讓知識庫持續演進，保持答案與時俱進。

部門協作方面，導入 RAG 往往涉及跨部門知識整合，各團隊必須配合提供文件並驗證 AI 產出的準確性。摩根士丹利在部署時就安排了財管顧問參與測試反饋，以確保生成回答符合業務實況。至於**使用者提問習慣**也是另一個需要考慮的層面，若員工不知道如何發問，可能影響檢索效果。為此可以在介面上提供示範問句或引導，甚至結合可視化的查詢輔助，以降低使用門檻。

最後，不可忽視 **LLM 的幻覺風險**。即使有資料支撐，模型有時仍可能產生不準確的回答。降低幻覺的關鍵在於讓模型「引用而非編造」：RAG 透過檢索真實文件來提供上下文，大幅減輕了模型亂猜的情況。同時，將來源證據透明地呈現出來，方便使用者自行比對原文，這對於內部 FAQ 尤為重要——員工可以點擊檢索到的原始文件確認細節，增加對 AI 答覆的信任度。

綜合而言，企業在導入 RAG 時應同步制定資料權限策略、知識更新流程與使用者培訓計畫，並選用可靠的向量資料庫與檢索算法來確保相關性。只要克服了資料整備與安全協調等環節，RAG 將能充分發揮威力，把龐大的企業知識轉化為人人可及的即時智慧，顯著提升內部 FAQ 解答的效率與準確性。

7-2 法律 AI 助理：讓 AI 提供合規建議與文件檢索能力

在法律領域，RAG 的典型應用情境首先展現在法條查詢與自動摘要功能上。AI 能夠從海量的法規條文資料庫中高效檢索相關條文，並迅速提供精煉的重點摘要或要旨說明，這極大地提升了法律專業人士進行法規研究的效率。緊隨其後的是在合約比對與條款風險提醒方面的應用，RAG 技術可將待審的新合約與企業既有的標準範本或現行法規要求進行智能比對，不僅能迅速找出差異條款，更能主動提示其中潛在的法律風險點，為合約審查工作帶來顯著助益。

此外，RAG 在案例比對與法院判決檢索方面也扮演著重要角色。法律 AI 助理能根據使用者提供的具體案例事實描述，從龐大的判例資料庫中精準檢索出高度相似的歷史案例及相關的法院判決資料，為案件分析和訴訟策略的制定提供有力的參考依據。

對於企業內部運營而言，法務單位亦可利用 RAG 技術打造高效的合規問答與內部法務輔助系統。這類系統能夠即時回答員工或客戶提出的常見法律合規問題，有效減輕法務人員在日常諮詢工作上的負擔，使他們能更專注於處理複雜的法律事務。下面我們介紹一些實際應用案例、常見應用情境，以及導入過程中的挑戰與風險。

在臺灣的本土法規查詢與合約助理方面，律果科技開發出能檢索臺灣法律知識的法律 AI 模型與法務助理系統。該公司早期結合大型雲端模型與 RAG 打造法務 AI 助理，可針對數百種常見法律文件與合約範本進行分析，協助法務人員自動草擬客製化合約、審閱條款並執行合約管理作業。

這個系統有效提升合約起草效率，並吸引大型企業關注。然而，團隊也發現僅靠檢索增強並不能解決所有問題──直接讓模型檢索臺灣龐雜的法規和判決資料，回答品質仍有限。原因在於本地法律數據缺乏清理且模型對臺灣法律的底層知識不足。

此外，過去 LLM 在回答臺灣法律問題時曾出現「幻覺」或誤將其他中文法域（例如中國大陸）的法規引用進來的情形，導致答案在實務上無參考價值。這些挑戰促使律果團隊投入訓練本土法律大型模型，強化對臺灣法律體系的掌握，搭配 RAG 改善答案的正確性與在地性。

接著我們將眼界來到國外，在美國的新創公司 Casetext 推出的 CoCounsel 是一款 AI 法律助理。CoCounsel 能在數分鐘內完成文件閱讀、法律研究備忘、訴訟詢問綱要準備以及合約分析等繁瑣任務。

這個系統的背後就是結合了 RAG 技術，從法條與判例資料庫中檢索相關內容，以生成有依據的建議。正面成效是許多律師事務所報告該工具可節省研讀資料和撰寫文件的時間，使律師能專注於更高價值的工作。

CoCounsel 上線後迅速獲得超過 1 萬家律所與企業法務部門採用，顯示業界對此類 AI 助理的需求。其成功也引起產業巨頭關注：2023 年 Thomson Reuters 宣佈以 6.5 億美元收購 Casetext，以加速將此類生成式 AI 解決方案導入法律服務。

挑戰方面，大型語言模型難免有出錯風險，因此 CoCounsel 在實務中仍要求律師對 AI 的分析結果進行複核，以避免謬誤。同時，處理機密法律文件時也需確保資料不會外洩給第三方，因為數據隱私與合規對法律從業者而言至關重要。

然而，AI 幻覺導致虛構案例引用的爭議案例也值得警惕。生成式 AI 在法律應用中的風險可從一起真實事件中看出。2023 年，美國紐約兩名律師在提交給法院的法律文件中引用了 6 個 ChatGPT 捏造的虛構案例，結果被法官發現這些案例根本不存在。

由於律師未經查證即採信 AI 結果，法院認定他們的行為具有惡意和誤導性，最終對涉事律師及其律所處以 5000 美元罰款。涉案律師事後坦承，自己首次嘗試用 ChatGPT 協助找案例，不知道模型給出的案例「竟是完全幻想出來的」。這起事件突顯了 LLM 在沒有 RAG 輔助時的幻覺風險，AI 可能為了滿足提問而編造看似合理但實際不存在的判例。

最後讓我們來討論一下，在導入 RAG 法律 AI 系統時可能面臨的挑戰與風險。首要的考量點是資料保密與隱私問題，法律文件往往涉及高度機密的客戶或案件資訊，若使用第三方 AI 平台或雲端服務，則可能引發資料外洩的風險，因此需審慎評估部署模式與資料保護措施。

其次，如同前面的案例中所提及的，即使有 RAG 輔助，模型仍有可能「掰出」不存在的法律依據，例如捏造判例案號或法條號碼，這對嚴謹的法律工作而言是極大的隱患。而法條語意理解與在地化差異亦是一大挑戰，法律語言具有高度專業性與地域特殊性，通用的大型語言模型可能因訓練資料的偏差而誤用他國或地區的法律觀點來回答本國的法律問題，導致建議失準。

同時，AI 系統在實務中可能需要處理多種語言的法律文件，這便引出了跨語言檢索、理解與翻譯的技術困難。來源資料的合法性與版權問題也需謹慎處理，RAG 系統的效能高度依賴其所接入的外部知識庫，因此必須確保所使用的法律資料庫具有合法的授權來源，避免侵權爭議。

最終，當 AI 提供的法律建議或自動生成的文件內容出現錯誤時，其責任歸屬是一項複雜的議題，目前法律實務界的普遍看法是，專業責任仍應由使用 AI 工具的法律專業人員承擔，AI 僅作為輔助工具，距離讓 AI 當作律師甚至是法官，還有很長一段路要走！

7-3 醫療 AI 應用：如何確保 AI 在醫療領域提供可靠建議？

至於醫療領域方面，從臨床診斷輔助、病歷摘要撰寫，到醫患溝通、用藥建議甚至保險理賠審查，都可以看見 AI 發揮作用的潛力。例如，AI 可以快速分析患者症狀與病史以協助醫師鑑別診斷，將繁瑣的電子病歷內容濃縮成重點摘要，或將專業術語轉換成病人聽得懂的說明，同時也能根據用藥資料庫推薦適當的處方或檢查藥物交互作用。

在醫療行政與保險方面，生成式 AI 則可加速理賠資料審核與文件處理。然而，由於醫療決策對準確性要求極高，如何確保 AI 提供可靠的建議成為關鍵課題。一項解決之道是導入 RAG 技術，讓 AI 在產生回答時先連結醫學知識庫檢索相關資訊，以引用可信來源來支持建議。透過即時調用最新的醫療文獻和臨床指南，降低模型憑空臆測的機率，提升回答的精確度與一致性，這對需要嚴謹證據的醫療場景尤為重要。

7-3 醫療 AI 應用：如何確保 AI 在醫療領域提供可靠建議？

目前已有許多醫療單位嘗試將生成式 AI 應用於實際場域，從中累積寶貴經驗。台灣方面的代表例子之一，是中國醫藥大學附設醫院與微軟合作打造的「智海系統」。中國附醫成為全台第一個計畫全面導入 GPT-4 模型的醫院，醫師在門診問診時啟動手機 App 錄音，由 AI 即時將醫病對話轉換為逐字稿，再自動濃縮成英文病歷紀錄，整個過程不到 12 秒即可完成。

更重要的是，AI 不僅充當速記員，還會產生「病況評估」與「診療計劃」兩項建議：前者列出患者可能罹患的三種疾病，後者提供後續檢查與治療建議（例如建議驗血或安排睡眠檢測以確定病因）。也就是說，在中國附醫的試點中，生成式 AI 已扮演了醫師助手的角色，為臨床診斷提供參考意見。

這套系統在啟用短短三個月內，已有上百位患者經歷這套 AI 輔助看診流程，醫師反映由 AI 代勞病歷書寫後，他們能將更多注意力放在病患身上，醫患互動更有溫度。這項大膽的創新顯示了生成式 AI 在提升醫療效率方面的巨大潛能，同時也是對「AI 診療時代是否已經來臨」的積極探索。

而國外也發生了引人注目的正面案例，凸顯 AI 提供可靠建議的價值。2023 年美國一名 4 歲男童在疫情期間出現不明原因的慢性疼痛，經過三年輾轉尋求 17 位醫師診治仍無法確診。情急之下，母親將男孩所有症狀、檢查報告與影像結果輸入 ChatGPT 求助，結果 AI 立刻給出「脊髓牽扯症候群」（tethered cord syndrome）的可能診斷。

隨後母親加入相關病友社群並諮詢神經外科醫師，證實 ChatGPT 的推論是正確的：孩子實際罹患的是隱形脊柱裂所導致的脊髓繫索症候群。透過及時的手術矯治，男童的病情終於獲得了改善。這起案例顯示生成式 AI 憑藉其廣博的知識和對症狀模式的敏銳分析，有時能發現人醫反覆疏漏的罕見疾病線索，為臨床診斷帶來第二意見的助益。

除了單一病例的成功，學界也開始系統性評估 AI 在臨床決策中的表現。例如：英國與以色列學者合作的一項研究比較了 ChatGPT 與醫生在憂鬱症治療建議上的表現，結果顯示 ChatGPT 對輕度與重度憂鬱症患者的處置建議更符合臨床指引，多數情況下甚至優於真人醫師，而且 AI 的建議不會出現

7-9

醫病關係中常見的性別或社會階層偏見。這類研究初步證實了 AI 有潛力提供客觀一致的醫療建議，輔助改善傳統診療流程中可能存在的人為疏失與偏誤。

然而，AI 醫療應用並非全然一片光明，也出現過令人警惕的失敗案例。IBM 公司的 Watson 人工智慧系統曾被寄予厚望要成為「AI 醫師」，但最終在腫瘤診療領域慘遭挫敗，凸顯此路之艱難。2018 年甚至爆出了 Watson 給予一名有出血症狀的癌症患者錯誤的治療建議：推薦使用可能導致大出血的藥物，若依照建議用藥可能危及病人生命。

這個致命的案例嚴重打擊了 Watson 的公信力，隨後 IBM 接連裁撤 Watson 醫療團隊、高層離職，投入數十億美元的 Watson Health 專案最終大多宣告終止。此案例成為 AI 醫療史上的經典失敗教訓，顯示即使擁有強大技術和豐富資料，缺乏可靠性與臨床驗證的 AI 決策仍可能一著不慎滿盤皆輸。

除了診斷建議本身的錯誤，AI 在醫療管理環節的運用也有陰暗面。例如某些健康保險業者引入演算法自動審核理賠申請，號稱能秒判核賠與否，但由於缺乏人工覆核機制，導致大量正常請求被機器短短數秒內草率拒賠，引發集體訴訟質疑演算法侵害病患應有權益。可見在缺乏適當監督下，AI 決策失誤不僅威脅病人生計，甚至動搖對整體醫療體系的信心。

接著我們來談談，要將 AI 以及 RAG 導入到醫療當中，會需要注意的地方。首先依舊是資料隱私與安全的挑戰。醫療資訊屬於高度敏感的個人隱私，一旦洩露後果不堪設想。如果醫護人員不慎將病患的病歷資料上傳至公開的生成式 AI 平台，等同將機密資料外洩給未知的第三方。

正因如此，世界各國醫療機構對使用此類 AI 工具均採取審慎態度。例如臺灣政府已意識到這類風險，於 2023 年 8 月發布針對公部門的生成式 AI 使用指引，強調避免將機敏資料投入 AI 服務，以防止個資外流並確保法規遵循。在醫院層級，則有醫學中心主動規範醫師不得將患者個資輸入 ChatGPT 等工具，或採用院內建置的專用模型來降低隱私風險。

其次也仍然是臨床準確性與「幻覺」問題。雖然目前已經有越來越多的成功案例，然而實證研究也揭露了現階段通用 AI 模型在專科知識上的局限：美國梅約診所 2024 年的一項研究發現，ChatGPT、Bing Chat、Google Bard 等模型在腎臟醫療問題上的答覆正確率不到四成，相較之下透過專業文獻檢索得到答案的正確率明顯更高。

研究作者指出，醫療決策這類關乎生死的領域中，AI 回答的任何不精確都可能被放大為嚴重後果，因而迫切需要開發更可靠精確的模型。換言之，若沒有輔助措施，僅憑現有通用模型給建議，其錯誤率之高仍不足以勝任臨床需求。

最後一大課題和法律層面的應用一樣，是法規遵循與責任歸屬。目前各國對於 AI 在醫療上的定位大多還缺乏明確法規。當 AI 的建議出錯時，究竟應由誰承擔責任？傳統醫療責任制下，診療決策須由執業醫師把關，因此即便有 AI 參與，最終責任仍落在醫師身上。

然而隨著 AI 參與程度提高，這一界線可能變得模糊。如果醫師高度依賴 AI 建議而發生誤判，究竟算是醫師的過失，還是 AI 開發者或提供者的疏失？這類法律與倫理難題正引發廣泛討論。各國監管機構也開始著手制定指南和標準，例如前述臺灣的政府指引就是一例，試圖在促進 AI 創新與維護醫療安全之間取得平衡。未來不排除會有專門針對醫療 AI 的認證制度和使用規範，要求此類系統經過嚴格的臨床試驗驗證，獲得監管單位核可後才能投入實務應用，類似於藥品或醫療器材的審查程序。

除了法律層面，臨床人員和病患對 AI 的信任同樣攸關 AI 建議能否被採納。許多醫師對 AI 持保留態度，擔心 AI 的推論過程如黑盒子般不透明，且缺乏解釋能力，難以在診斷過程中完全信賴。從病患角度看，如果他們發現醫師嚴重依賴 AI，甚至在問診時直接將症狀輸入 ChatGPT 尋找答案，難免產生被機器診治的疑慮，進而動搖對醫師的信任。

有國外病患在網路分享親身經歷：當他陪父親因傷就醫時，驚見醫生螢幕上開著 ChatGPT 並輸入病情協助診斷，引發他質疑「那我何必要付錢給醫生？」的憤怒留言。這件事在網上引起熱議，有人認為醫師善用新工具無可厚非，但也有人擔心這種做法削弱了醫病間的信任關係，可見透明度以及信任程度的重要性。

只有同時兼顧了隱私、安全、準確、合規與倫理等各個環節，AI 才能真正成為醫療團隊中值得信賴的幫手。展望未來，隨著技術演進和經驗累積，AI 有望在醫療場域扮演更積極的角色——減輕醫護人員負擔、提高診斷與治療效率、完善病患照護體驗——但前提是我們以審慎而負責的態度來運用它。透過建立健全的機制來確保 AI 建議的可靠性，我們才能安心擁抱醫療 AI 應用所帶來的福祉，同時將潛在風險降至最低，真正實現人機協作下更安全高效的醫療服務。

7-4 章節回顧

在這個章節當中，我們深入探討了 RAG 系統在企業、法律和醫療領域的具體應用，以及在這些特定產業中所面臨的挑戰與機會。

首先，我們探討了企業知識庫 AI 的應用，企業經常需要快速且精確地回應內部的常見問題（FAQ），而傳統知識庫的維護成本與回應效率往往難以兼顧。透過 RAG 系統的導入，企業能夠即時從大量內部文檔中檢索相關資料，並結合生成式模型快速生成準確且即時的答案，有效提升了內部知識的可取得性與利用率。並且進一步比較了本地和國外的企業案例，例如台灣本地的金融業者利用 RAG 提升內部客服效率，國外則有企業如 IBM 運用 Watson 技術實現大規模內部知識的精準檢索與生成回答。

接著，我們深入法律領域，指出法律 AI 助理在提高文件檢索效率、提供合規建議，以及輔助法律專業人士快速做出判斷方面的巨大潛力。然而，法律領域對正確性與合規性的要求極高，一旦模型產生幻覺，提供錯誤或虛假的資訊，將可能造成嚴重的法律風險，甚至是財務和名譽損失。國外即曾出現律師因過度信任 ChatGPT 生成的法律案例，而提交法院時發現引用了不存在的判例，導致嚴重後果的反面教材。這提醒我們，RAG 系統在法律應用上，務必強調資料來源與驗證機制的重要性，確保模型生成的資訊可被充分信任。

最後，我們針對醫療 AI 應用進行深入分析。醫療領域更是對可靠性與正確性有著近乎零容錯的要求，錯誤資訊可能直接威脅患者的生命安全。因此，RAG 在醫療應用中必須格外謹慎，需透過嚴格的資料來源控制、專業知識審核與不斷的驗證機制，才能確保模型提供的醫療建議具備可靠性與安全性。我們也特別提到本地與國外的醫療 AI 應用實例，台灣如健保署使用 AI 協助醫療諮詢服務，國外如美國的 Ada Health 提供個性化健康建議，這些實例均展示了謹慎使用 RAG 系統的重要性，以及如何透過適當的資料與專業流程，降低 AI 生成錯誤的風險。

透過實務案例的分析，清楚展示了 RAG 技術在不同行業的落地應用潛力，以及在這些敏感領域中，資料品質、模型可靠性與人機協作的重要性。我們從成功案例汲取經驗，也從失敗案例汲取教訓，讓未來的 RAG 應用更為穩健、安全且有效。

Note

Note

Note

Note

Note

讀者回函

感謝您購買本公司出版的書，您的意見對我們非常重要！由於您寶貴的建議，我們才得以不斷地推陳出新，繼續出版更實用、精緻的圖書。因此，請填妥下列資料(也可直接貼上名片)，寄回本公司(免貼郵票)，您將不定期收到最新的圖書資料！

購買書號：＿＿＿＿＿＿＿　　書名：＿＿＿＿＿＿＿＿＿＿

姓　　名：＿＿＿＿＿＿＿＿＿＿＿＿＿＿＿＿＿＿＿＿

職　　業：□上班族　□教師　□學生　□工程師　□其它

學　　歷：□研究所　□大學　□專科　□高中職　□其它

年　　齡：□10~20　□20~30　□30~40　□40~50　□50~

單　　位：＿＿＿＿＿＿＿＿＿＿＿＿　部門科系：＿＿＿＿＿＿＿

職　　稱：＿＿＿＿＿＿＿＿＿＿＿＿　聯絡電話：＿＿＿＿＿＿＿

電子郵件：＿＿＿＿＿＿＿＿＿＿＿＿＿＿＿＿＿＿＿＿

通訊住址：□□□ ＿＿＿＿＿＿＿＿＿＿＿＿＿＿＿＿
　　　　　＿＿＿＿＿＿＿＿＿＿＿＿＿＿＿＿＿＿＿＿

您從何處購買此書：

□書局＿＿＿＿　□電腦店＿＿＿＿　□展覽＿＿＿＿　□其他＿＿＿＿

您覺得本書的品質：

內容方面：　□很好　　□好　　□尚可　　□差
排版方面：　□很好　　□好　　□尚可　　□差
印刷方面：　□很好　　□好　　□尚可　　□差
紙張方面：　□很好　　□好　　□尚可　　□差

您最喜歡本書的地方：＿＿＿＿＿＿＿＿＿＿＿＿＿＿＿＿

您最不喜歡本書的地方：＿＿＿＿＿＿＿＿＿＿＿＿＿＿

假如請您對本書評分，您會給(0~100分)：＿＿＿＿＿ 分

您最希望我們出版那些電腦書籍：

＿＿＿＿＿＿＿＿＿＿＿＿＿＿＿＿＿＿＿＿＿＿＿＿＿＿

請將您對本書的意見告訴我們：

＿＿＿＿＿＿＿＿＿＿＿＿＿＿＿＿＿＿＿＿＿＿＿＿＿＿

您有寫作的點子嗎？□無　□有　專長領域：＿＿＿＿＿＿

博碩文化網站　　http://www.drmaster.com.tw

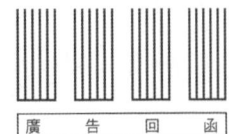

廣　告　回　函
台灣北區郵政管理局登記證
北台字第4647號
印刷品．免貼郵票

221
博碩文化股份有限公司　產品部
台灣新北市汐止區新台五路一段112號10樓A棟

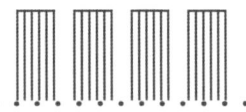

博碩文化

博碩文化